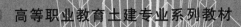 高等职业教育土建专业系列教材

建筑工程认知实习

印宝权　杨树峰　蒋晓云　编　著

劳锦洪　主　审

南京大学出版社

图书在版编目(CIP)数据

建筑工程认知实习 / 印宝权,杨树峰,蒋晓云编著
.—南京:南京大学出版社,2021.6
ISBN 978-7-305-23150-6

Ⅰ.①建… Ⅱ.①印… ②杨… ③蒋… Ⅲ.①建筑工
程 Ⅳ.①TU

中国版本图书馆 CIP 数据核字(2020)第 127330 号

出版发行　南京大学出版社
社　　址　南京市汉口路 22 号　　　邮编　210093
出 版 人　金鑫荣

书　　名　**建筑工程认知实习**
编　　著　印宝权　杨树峰　蒋晓云
责任编辑　朱彦霖　　　　　　编辑热线　025-83597482
照　　排　南京开卷文化传媒有限公司
印　　刷　南京鸿图印务有限公司
开　　本　787×1092　1/16　印张 11.5　字数 272 千
版　　次　2021 年 6 月第 1 版　2021 年 6 月第 1 次印刷
ISBN 978-7-305-23150-6
定　　价　29.00 元

网　　址:http://www.njupco.com
官方微博:http://weibo.com/njupco
微信服务号:njutumu
销售咨询热线:(025)83594756

前　言

　　《建筑工程认知实习》是高职教育实践教学环节中非常重要的部分,可以使大一新生对专业产生总体认知,对本专业的工作岗位与工作性质等内容有一定的了解。

　　本书依托现代建筑技术职业技能公共实训中心的建筑实体工法楼开发教学资源,该工法楼建筑面积 3 200 m²,共三层,是一栋按照"还原施工现场、展示建造过程、剖析工艺流程"的建设思路,以 1∶1 的比例建造的"在建"建筑物,从地基到主体,到装饰装修,再到设备安装,以剖切的方式展示房屋建造的全过程。让学生通过"一站式"体验,现场学习了解房屋建造的大部分知识。

　　通过认知实习,学生能了解建筑结构、掌握房屋构造、熟悉施工现场、认识施工设备,提高对土木建筑工程领域相关知识的总体认识,开阔眼界,对培养土木建筑领域的高素质技术技能人才具有较大的现实意义。

　　本书共分为三个部分,主要内容包括有:第一部分实训指南,分为实训指导书和实训安全要求,第二部分建筑工程认知,包括建筑结构认知、建筑构造认知、建筑施工认知和建筑设备认知,第三部分建筑工程认知日志与总结。每一个节点的内容力求包含简介(含概述、分类、作用、特点及适用范围)、构造图例(含现场实物照片)、构造要求、施工工艺流程等内容,由浅入深逐步对节点进行认知。本书可作为高等职业教育建筑工程技术专业群、建筑工程管理专业群各专业的教学用书,亦可作为建筑类相关专业教学用书及建筑类工程技术人员参考用书。

　　本书由广州城建职业学院印宝权、杨树峰、蒋晓云编著,广州城建职业学院蒋艳芳、王小艳、郑秋凤、桂慧龙、黄洁贞、郑学奎,广州中穗建设有限公司刘祚明、胡全发,广东凯厦建设工程有限公司李廷铨参与了部分内容的编写。城建-穗安工程咨询中心黄树发、李杰、吴国兴参与了部分图形的绘制和现场拍摄。全书由广州城建职业学院教授级高工劳锦洪审定。在本书的编著过程中,也得到了多位同行、专家的指导,并提出了许多宝贵的意见,在此表示诚挚的感谢!

　　由于作者水平有限,书中难免有不少疏漏和不妥之处,恳请师生批评指正,作者深表感谢!

目　录

第一部分　实训指南

第二部分　建筑工程认知

第三部分　建筑工程认知总结

建筑工程分节点认知目录

认知一　建筑结构认知节点目录

1. 砖混结构	2. 框架结构	3. 框架-剪力墙结构	4. 钢结构

认知二　建筑构造认知节点目录

一、基础及地下室部分				
1. 大放脚基础	2. 条形基础	3. 独立基础	4. 毛石基础	5. 素混凝土基础
6. 筏板基础	7. 箱形基础	8. 桩基础	9. 变形缝基础	10. 地下室
11. 采光井				

二、主体部分				
12. 标准砖砖墙	13. 多孔砖砖墙	14. 灰砂砖砖墙	15. 加气混凝土砌块墙	16. 剪力墙
17. 电梯井	18. 构造柱	19. 框架柱	20. 钢柱	21. 圈梁
22. 过梁	23. 地梁	24. 框架梁	25. 简支梁	26. 悬挑梁
27. 井字梁	28. 钢梁	29. 劲性柱	30. 劲性梁	31. 现浇混凝土楼板
32. 压型钢板组合楼板	33. 地坪层	34. 勒脚	35. 散水	36. 防潮层
37. 阳台	38. 雨篷	39. 变形缝	40. 门	41. 窗
42. 板式楼梯	43. 梁式楼梯	44. 栏杆扶手	45. 楼梯其他细部构造	

三、屋顶部分				
46. 平屋顶	47. 坡屋顶	48. 女儿墙	49. 马头墙	50. 锅耳墙
51. 悬山	52. 檐沟	53. 挑檐	54. 飞檐	55. 泛水
56. 屋面变形缝	57. 老虎窗	58. 采光天窗		

四、装饰装修部分				
59. 整体楼地面	60. 块料楼地面	61. 墙(柱)面抹灰	62. 墙(柱)面涂料	63. 墙(柱)面块料
64. 墙(柱)面裱糊	65. 墙(柱)面饰面	66. 其他装饰工程	67. 吊顶	68. 直接式顶棚
69. 隔墙	70. 玻璃幕墙	71. 卫生间防水	72. 保温隔热墙体	

认知三 建筑施工认知节点目录

1. 护坡	2. 土钉墙	3. 地下连续墙	4. 水泥土搅拌桩	5. 灌注桩
6. 预制桩	7. 砂石桩	8. SMW 工法桩	9. 钢板桩	10. 支护锚杆
11. 抗浮锚杆	12. 轻型井点降水	13. 冠梁	14. 腰梁	15. 墙体留槎
16. 模板	17. 支架	18. 脚手架	19. 安全防护	20. 后张法

认知四 建筑设备认知节点目录

一、电气部分				
1. 总配电箱	2. 分配电箱	3. KBG 配电管线	4. PVC 配电管线	5. 明装开关盒
6. 暗装开关盒	7. 明装线槽	8. 暗装线槽	9. 灯具	10. 插座
11. 桥架	12. 等电位联结	13. 射灯		

二、给排水部分				
14. 给水立管	15. 阀门	16. 水龙头	17. 水表	18. 管件（连接件）（三通、弯头）
19. 污水排水立管	20. 排水横支管	21. 存水弯	22. 管箍	23. 伸缩节
24. 卫生器具	25. 雨水斗	26. 雨水管		

三、消防部分				
27. 消防箱	28. 消火栓	29. 消防管	30. 消防水喉	31. 闭式洒水喷头

四、暖通部分				
32. 水地暖	33. 电地暖			

五、智能设备部分				
34. 烟感器	35. 智能无线灯光控制器（单底盒一路）	36. 智能无线灯光控制器（双底盒三路）	37. 智能无线灯光控制器（双底盒四路）	38. 智能无线空调控制器
39. 智能无线燃气探测器	40. 智能无线云台网络摄像机	41. 智能无线门磁	42. 智能无线紧急按钮	43. 窗帘电机
44. 窗帘导轨	45. 智能家居无线管理中心	智能家庭影院控制中心	智能无线安防遥控器	智能无线插座控制器

第一部分

实训指南

实训指导书

一、实训基本信息

实训类别	整周实训(实习) □　理论＋实践课☑		
建议实训学时/学分	__24__ 学时/ __1.0__ 学分	实训项目(任务)数	__5__ 个
实训性质	基础技能实训☑	核心技能实训□	综合技能实训□
面向专业(群、方向)	建筑工程技术专业群、建筑工程管理专业群、建筑工程设计专业群	开设学年学期	第一学年第一学期

二、实训项目(任务)和目标

序号	实训项目(任务)	实训目标	实训成果
1	安全与防护认知	了解安全带、安全帽的佩戴方法;了解安全标志、安全措施及救护方法,懂得自我保护。	实习日志
2	建筑结构认知	能够区分建筑与结构的关系,理解各种结构类型及特点,识读常见结构构件的结施图	实习日志
3	建筑构造认知	能够认识各种建筑构造组成,掌握各种构件的功能、特点以及建筑平面与建筑功能的关系。	实习日志
4	建筑工程施工认知	对建筑物的施工组织管理、施工机械,以及主要施工工种的操作流程。	实习日志
5	建筑设备认知	认知常见建筑水电设备、管网;了解绿色建筑、智能建筑的概念。	实习日志

三、实训内容和学时分配

序号	实训项目名称	实训内容	实训学时	实训场地及配套设备	备注
1	安全与防护认知	1. 安全总动员； 2. 了解安全带、安全帽的佩戴方法； 3. 了解安全标志、安全措施及救护方法； 4. 懂得自我保护。	4	实训场安全体验区或观看视频、VR体验	
2	建筑结构认知	1. 讲解基坑的开挖、围护，边坡支护等； 2. 讲解砖混结构、框架结构、剪力墙结构、框架剪力墙结构的有关内容； 3. 启发学生阐述各种结构类型的特点及适用工程范围； 4. 概述常见结构构件的结施图的识读方法。	4	实训场；学校教学楼、食堂、实训室、体育馆及特殊的典型建筑。	讲解和示范，结合模拟现场的动画及视频资料。
3	建筑构造认知	1. 参观并讲解实训场建筑构造样板房、单层工业厂房的建筑构造组成； 2. 结合《建筑构造与识图》课程的内容，认识平立剖面的投影关系和常见建筑构件的构造做法； 3. 启发学生说出各种构件的功能、特点以及建筑平面与建筑功能的关系。	8	实训场；学校教学楼、食堂、实训室、体育馆及特殊的典型建筑。	
4	建筑工程施工认知	1. 参观和了解建筑施工的流程：基坑、基础、主体、屋面到装饰等有关内容； 2. 参观和了解部分施工机械，了解"施工部分"中关于施工机械的有关内容； 3. 参观联系工地项目工程的结构形式、构造组成、施工流程和工艺方法； 4. 参观和了解几个操作工种：架子工、抹灰工、砌筑工、钢筋工等的简单操作流程。	4	实训场；实训室	
5	建筑设备认知	1. 常见建筑水电设备、管网的认知； 2. 了解绿色建筑、智能建筑的概念。	4	实训场	

备注：1. 提前联系并确定建筑工程认知实习地点；

2. 落实实习前的准备工作(如交通工具、领发安全帽)；

3. 强调安全、纪律、注意事项；

4. 具体项目中的实训内容参见项目指导书。

四、考核方式

考核项目		考核标准	考核方法	评分比例%
过程考核	上课考勤	按时上课,迟到、早退三次算作一次旷课,旷课一次扣除3分,课程中有4次旷课,取消考勤成绩	点名	20
	课堂讨论	认真听讲,积极思考,此项目基数为0分,每回答一次问题或参与讨论问题加1分,加分上限为5分	记录	30
	实训成果	每次上课都有相应的任务需要完成,按照实训成果的进度和质量相应给分。	成果批改	50
合　计				100

根据学生对"认知实习"所完成情况,结合认知实习报告内容的质量以及实习期间的学习态度、考勤等综合评定,分为优秀、良好、中等、及格、不及格五个等级,有下列情况之一者不能参加实训成绩评定,即总评成绩为不及格:

(1)有抄袭现象者;(2)缺勤次数超过1/3考勤次数者;(3)考核成绩不及格或上交成果质量不及格者。

特别说明:认知实习总结报告包括对专业的感性认识到理性认识,要求能用科学的态度和知识说明实际的工程问题。

五、实训注意事项(含安全操作规程等)

(1)遵纪守法,尊重实训场地、工地技术人员和工人师傅。

(2)遵守实习期间的作息时间,不得无故缺勤、迟到和早退。实习期间一律不准请事假,特殊情况要取得实习指导老师和学校的同意。

(3)在施工现场参观时,要尊重工程技术人员和指导教师的指导和安排,遇到工程重大问题要向工程技术人员反映,学生不得擅自处理。

(4)要特别注意交通安全和现场安全,严格遵守施工现场的安全管理规章制度,服从工程技术人员指挥。

(5)同学之间要互相帮助,互相照顾。要坚持原则,不准搞任何不正之风。

六、学生实训报告要求

认知实习结束后,学生应根据认知实习指导书的基本要求,对实习全过程进行认真的总结回顾,并写出完整的书面报告。

实训项目一:安全与防护认知

1.实训目的

了解建筑工程安全生产的重要性,熟悉安全规则、遵守安全规则。

2.实训内容和基本要求

(1)了解和学习安全生产的规章制度。

(2)学习正确佩戴安全帽和安全带。

(3)学习和了解安全防护和救护的基本做法。

(4)认知安全标语和安全标志。

(5)模拟和体验安全情境。

3.实训方法和具体步骤

(1)实习方式

实习采用统一安排集中实习的方式,在实习指导教师的带领下,集中讲解并体验安全情境。

(2)实习地点的选择

实习地点位于实训场安全体验区、校内实训室、校内建筑物及周边地区典型建筑物等。

(3)实习组织

采取以班级为单位集中实习方式。

实训项目二：建筑结构认知

1. 实训目的

了解工业与民用建筑常用结构形式（包括砖混结构、钢结构以及钢筋混凝土框架结构、框架剪力墙结构、排架结构等），初步了解各种结构的适用性和主要特点，初步了解梁、柱、板、楼梯等构件的结构特点和钢筋布置方式等；了解节点构造等。

2. 实训内容和基本要求

（1）地基与基础

① 天然地基与人工地基。

② 边坡支护形式。

③ 基坑的开挖、支护、内支撑系统等。

④ 独立基础、桩基础等各种基础形式。

（2）砖混结构

① 掌握基础的形式、材料及埋深。

② 了解柱、梁、板、墙等构件的受力情况及传力体系和这些构件的形状、截面尺寸及钢筋的配置情况。

③ 了解圈梁、构造柱的布置及节点构造。

（3）框架结构

① 掌握基础的形式、材料及埋深。

② 了解框架承重体系及柱网的布置。

③ 了解梁与柱、柱与柱等节点的构造。

④ 了解填充墙与主体结构的连接。

（4）剪力墙结构

① 了解剪力墙在整个结构中的位置。

② 了解剪力墙的厚度与高度的关系、墙上开洞的部位、洞的大小。

③ 了解剪力墙的配筋情况。

（5）框架-剪力墙结构

① 掌握基础的形式、材料及埋深。

② 了解框架-剪力墙承重体系。

③ 了解框架-剪力墙结构中剪力墙的数量及位置布置要求。

3. 实训方法和具体步骤

（1）实习方式

实习采用统一安排集中实习的方式,实习指导教师课堂讲解并带领学生参观各种结构形式的建筑物。

（2）实习地点的选择

实习地点位于校内教室、校内建筑物及周边地区典型建筑物,就近选择多种有代表性的建筑工程,包括厂房结构、框架结构、钢结构、砖混结构等。

（3）实习组织

采取以班级为单位集中实习方式。

实训项目三：建筑构造认识

1. 实训目的

了解建筑平面与建筑功能的关系；了解建筑物的层数与使用要求及土地利用的关系；了解立面的设计及处理手法、立面效果与装修标准；了解建筑物的交通联系。

2. 实训内容和基本要求

(1) 了解建筑物所处的位置与周围环境的关系，如建筑物的高度、形状、外装修与周围建筑是否协调；建筑物出入口与周围道路的关系等。

(2) 了解建筑物的总体造型及外观处理。

① 建筑物在立面布置上的变化。

② 建筑物檐口的形式及雨水管的布置。

③ 建筑物的外观颜色与所选用的装饰材料。

(3) 了解建筑面积、使用面积、结构面积，工程造价、平米造价等专业术语。

(4) 了解建筑物的平面布置情况。

① 建筑物的平面形式，朝向、主要房间、辅助房间与走道、出入口的布置及房间的尺寸。

② 门窗的位置、大小、数量。

(5) 了解建筑物的剖面情况

① 建筑物的总高度、层数、层高及与房间功能之间的关系。

② 室内外高差、入口处台阶的设置。

③ 窗台、栏板的高度及影响因素。

(6) 了解建筑物的细部构造

① 建筑物入口处的台阶、雨篷、门斗等的构造处理。

② 地下室的设置及采光、防潮处理。

③ 外墙构造，如散水、勒脚、窗台、墙厚、选用材料、保温情况、装饰材料的选择等。

④ 墙体砌筑工艺、门窗、过梁和构造柱等的做法。

⑤ 内墙构造，如踢脚线、墙厚、选用材料、保温情况及装饰方法等。

⑥ 楼梯的宽度、高度及踏步的尺寸、栏杆的设置。

⑦ 楼地面、顶棚的装饰方法及选用材料。

⑧ 屋面构造及组成、选用的防水材料及屋面排水的方法、屋面坡度。

⑨ 变形缝的种类及构造处理。

⑩ 女儿墙及避雷网(带)构造。

⑪ 各种管道,如给排水管、消防喷淋水管、排气管和烟道等的安装。

(7) 了解单层工业厂房的以下内容:

① 厂房的形式、主要构件及其尺寸、位置。

② 厂房的跨度与柱距尺寸,各构件之间的关系。

③ 连系梁、支撑的布置,抗风柱与屋架的连接构造,外墙与柱、屋架的连接。

④ 天窗的形式、组成、构造及屋面排水处理。

⑤ 侧窗、大门的形式、位置与尺寸。

3. 实训方法和具体步骤

(1) 实习方式

实习采用统一安排集中实习的方式,在实习指导教师的带领下,集中参观实训场、校内各种形式建筑物的细部构造。

(2) 实习地点的选择

实习地点位于实训场、校内实训室、校内建筑物及周边地区典型建筑物,选择多种有代表性建筑工程,包括框架结构、框架-剪力墙结构、钢结构、砖混结构等。

(3) 实习组织

采取以班级为单位集中实习方式。

实训项目四：建筑施工认知

1．实训目的

让学生对建筑工程专业所从事的具体工作得到感性认识，对建筑物的施工组织管理、施工机械，以及施工所需的建筑材料等有初步的认识了解，为本专业的后继课程教学打下必要的基础。

2．实训内容和基本要求

（1）基础工程

① 观察场地平整、基础开挖前的定位、放线的操作过程。

② 认识土方机械及其施工过程。

③ 观察、了解基坑支护、施工排水方法。

④ 观察打桩的施工过程。

⑤ 观察地基钎探的施工过程及地基的局部处理方法。

（2）砌筑工程

① 观察、了解各类脚手架的搭设方法、布置尺寸及安全网的架设情况。

② 了解垂直运输机械（龙门架、塔吊、施工电梯）的工作过程。

③ 了解砖砌体的砌筑方法、组砌形式、施工工艺。

（3）混凝土工程

① 认识模板的材料、规格，观察模板的支撑及脚手架的搭设方法，分析模板的作用及要求。

② 观察钢筋的调直、除锈、切断、弯曲、焊接、绑扎、安装等施工过程及所用机械、工具。

③ 观察混凝土的搅拌、运输、振捣。

（4）结构安装工程及屋面工程

① 认识各类起重机械。

② 观察柱、梁、屋架、屋面板的绑扎方法，构件吊装、就位、矫正与固定等施工过程。

③ 了解屋面的结构层次，观察防水材料及施工方法。

（5）装饰工程

① 了解门窗、吊顶、隔断所使用的各种材料，并观察其施工过程。

② 了解楼地面、顶棚、墙面的装饰材料，并观察其施工过程。

③ 观察油漆、刷浆、裱糊等装饰工程的施工方法。

（6）施工现场的组织与管理

① 了解现场各类施工机械、材料、临时设施的布置情况，以及现场的安全设施、防火设施的配备，水、电、临时道路的设置。

② 了解各施工过程之间的连接、各工种间的搭接、各施工段之间的流水情况等内容。

3. 实训方法和具体步骤

（1）实习方式

实习采用统一安排集中实习的方式，在实习指导教师的带领下，集中参观。

（2）实习地点的选择

实习地点位于实训场、校内实训室，就近选择多种有代表性的施工工地和建筑工程，包括厂房结构、框架结构、钢结构、基础工程、砖混结构等。

（3）实习组织

采取以班级为单位集中实习方式。

实训项目五：建筑设备认知

1. 实训目的

了解和熟悉常见的建筑设备，了解绿色建筑和智能建筑的概念，为本专业的后继课程教学打下必要的基础。

2. 实训内容和基本要求

(1) 了解常见建筑设备设施：给排水、照明、通讯、消防、通风空调等管线布置等；

(2) 了解绿色建筑的概念：墙体保温节能材料、环保装饰材料、太阳能利用、建筑工业化等；

(3) 智能建筑的概念：BIM 技术、物联网、互联网技术的应用等。

3. 实训方法和具体步骤

(1) 实习方式

实习采用统一安排集中实习的方式，在实习指导教师的带领下，集中参观。

(2) 实习地点的选择

实习地点位于实训场、校内实训室，就近选择多种有代表性的施工工地和建筑物、构筑物等。

(3) 实习组织

采取以班级为单位集中实习方式。

学生认知实训安全要求

一、建筑工程施工现场安全知识

建筑业属于事故发生率较高的行业,其施工特点是:

(1) 高处作业多。按照国家标准《高处作业分级》规定划分,建筑施工中有 90% 以上是高处作业。

(2) 露天作业多。建筑物的露天作业约占整个工作量的 70%,受到春、夏、秋、冬不同气候以及阳光、风、雨、冰雪、省电等自然条件的影响和危害。

(3) 手工劳动及繁重体力劳动多。建筑业大多数工种至今仍是手工操作,容易使人疲劳、分散注意力、误操作多,易导致事故的发生。

(4) 立体交叉作业多。建筑产品结构复杂,工期较紧,必须多单位、多工种相互配合,立体交叉施工,如果管理不好、衔接不当、防护不严,就有可能造成相互伤害。

(5) 临时员工多。目前在工地第一线作业的工人中,农民工占 50%~70%,有的工地高达 95%,建筑工程施工过程是个危险大、突发性强、容易发生伤亡事故的生产过程。

有关统计资料表明,建筑工程施工中主要的伤害事故是"五大伤害":高空坠落、物体打击、机械伤害、触电和坍塌,其中高处坠落占 40%~50%。

建筑工程安全事故主要有以下几个方面。

(1) 高空坠落事故:由于危险势能差引起的伤害,包括从脚手架上、屋架上、洞口处等地方坠落及平地坠入坑内。

(2) 物体打击事故:指落物、滚石、锤击、碎裂、崩块、砸伤等造成的人身伤害,不包括因爆炸而引起的物体打击。

(3) 触电事故:指电流流经人体造成生理伤害的事故,包括触电坠落、触电烧伤、雷击伤亡等。

(4) 坍塌事故:指建筑物、堆置物倒坍以及土石塌方等引起的事故伤亡。

(5) 机械伤害事故:指被机械设备或工具绞、碾、碰、割、截等造成的人身伤害,不包括车辆、起重设备引起的伤害。

(6) 起重伤害:指从事各种起重作业时发生的机械伤害事故。

(7) 车辆伤害事故:指车辆行驶中引起的人体坠落、物体倒坍、飞落、挤压伤亡,包括挤、压、撞、倾覆等。

（8）中毒和窒息事故：指煤气、油气、沥青、化学、一氧化碳中毒等。

（9）灼烫及火灾事故：指火焰烧伤、高温物体烫伤、化学灼伤、物理灼伤等。

（10）其他伤害事故：包括扭伤、跌伤、冻伤、淹溺事故等。

二、建筑工程施工现场认知实训安全规程

（1）进入现场必须规范戴好安全帽，扣好帽带。

（2）一切行动听从指导老师和现场管理人员的指挥。

（3）吊装区域非操作人员严禁入内，起重臂垂直下方不准站人，不准从正在起吊、运吊中的物件下通过。

（4）注意建筑工程的楼梯口、电梯口、预留口、通道口是否有防护设施，注意安全通行。

（5）严禁赤脚或穿高跟鞋、拖鞋进入施工现场。

（6）严禁进入挂有"禁止出入"或设有危险警示标志或无安全防护措施的区域、场所。

（7）严禁在没有防护的外墙和外壁板等建筑物上行走。

（8）不乱动施工现场的施工机具或设备。

（9）严禁在施工现场吸烟。

（10）严禁在施工现场奔跑、打闹、嬉戏。

（11）严禁扔垃圾或向下扔物抛物。

（12）不得攀登起重臂、绳索、脚手架、井字架、龙门架，严禁人员与运送物料的吊篮及吊装物上下。

（13）不准在重要的运输通道或上下行走通道上逗留。

（14）人员应从规定的通道上下，不得攀爬脚手架、跨越阳台，不得在非规定通道进行攀登、行走。

（15）机电设备运行时，不准将头、手、身伸入运转的机械行程范围内。

附：认知实习总结报告格式要求

一、本认知实习总结报告内容包括

（一）封面；（按照统一要求彩印）

（二）实训总结：（不少于 3 000 字）

实训报告基本信息的内容必须包含下面几个方面：

（1）实训的目的：言简意赅，点明主题。

（2）实训的安排：简单介绍整个实训过程的总体安排。（包括老师的上课安排、授课内容，及自己课外对为形成本实训成果而"收集资料、成果整理"等的安排）

（3）实训内容及过程：这是重点，篇幅不少于 1 000 字。要求内容详实、逻辑清楚。

（4）本次实训的收获及体会：这是精华，篇幅不少于 1 500 字。要求条理清楚、逻辑性强；着重写出对实训内容的总结、体会、感受，通过实训得到的专业知识方面的具体收获，以及对自己所学的专业理论和技能有哪些方面的强化和今后应努力的方向。

（5）正文附图：根据实习过程中参观到的具体内容拍摄实训照片，附图照片排版放置于实训总结的最后。照片数量不得少于 4 张（所拍摄的照片不得雷同，照片中尽量要有学生本人身影。），每张下面辅以说明所拍照片的内容。

二、实训总结正文的版面及编写标准

纸张：A4 单面打印。

标题为四号黑体加粗，文中字体为小四宋体。

正文附图：图的名称采用中文，中文字体为五号宋体，加粗，图名在图片下面。

三、文字要求：文字通顺，语言流畅，无错别字，内容真实可靠。

注：未尽说明由指导老师负责解释。

第二部分

建筑工程认知

建筑结构认知

对房屋建筑各类结构形式开展认知实践是认知实习的重要环节,本部分以施工现场的参观实习和建筑实体工法楼的认知为例进行讲述。

建筑结构形式主要分为:砖混结构、框架结构、框架-剪力墙结构和钢结构四类。

1. 砖混结构

砖混结构是以砖墙或砖柱、钢筋混凝土楼板和屋顶等承重构件作为主要承重结构的建筑。

认知砖混结构时重点了解下列内容:砖混结构建筑基础形式、基础材料及基础埋深;砖混结构的墙体承重方案,砖混结构各构件的受力、传力情况及构件的截面尺寸、形状、钢筋配置情况;砖混结构楼板的形式、规格、尺寸(包括厚度)、布置与节点构造等;圈梁、构造柱在结构中的位置、截面尺寸及钢筋配置情况。

2. 框架结构

框架结构一般指由梁、板、柱及基础所组成,主要由框架承重,框架间的填充墙多采用轻质填充墙的现浇钢筋混凝土结构。轻质墙体起围护和分隔空间的作用,装修时可以开洞或拆除。

认知框架结构时重点了解下列内容:框架结构建筑基础形式与埋置深度,基础梁布置;框架结构的承重方案,柱网的布置情况;框架结构梁与柱、梁与板等主要节点的构造与施工方法;轻质填充墙与主体结构的连接构造等。

3. 框架-剪力墙结构

剪力墙结构是指用钢筋混凝土墙板代替框架结构中的梁柱,承担各类荷载引起的内力,并能有效控制结构的水平力的建筑结构形式。

框架-剪力墙结构是指在框架结构中设置适当剪力墙的结构。它具有框架结构平面的布置灵活、空间大的优点,又具有剪力墙结构侧向刚度较大的优点。框架-剪力墙结构中,剪力墙主要承受水平荷载,竖向荷载由框架承担。

认知框架-剪力墙结构时重点了解下列内容:剪力墙在结构中的位置,剪力墙设置的方向;柱网的布置情况、梁的布置情况;剪力墙上开洞部位、大小及钢筋配置情况;梁与柱、梁与板等主要节点的构造与施工方法;墙与板的连接构造,剪力墙施工方法;柱与剪力墙之间的连接,填充墙与主体结构的连接构造。

4.钢结构

钢结构是指主要承重构件全部采用钢材制作的建筑结构。它自重轻,适用范围广:能建单层、多层甚至高层建筑,还能建造超高层摩天大楼。能建成大跨度、净空高的空间,特别适合大型公共建筑。

认知钢结构时重点了解下列内容:钢结构的组成,基础形式,基础与钢柱的连接方式;钢结构构件的形式,钢构件的加工制作方式,构件之间连接方式;钢结构防锈措施;厂房内吊车梁形式及吊车行走方式;柱间支撑及屋盖支撑形式;墙体结构形式与连接方式。

下面对四种建筑结构形式进行具体分析。

一、砖混结构

砖混结构是指建筑物中竖向承重结构的墙采用砖或者砌块砌筑,构造柱以及横向承重的梁、楼板、屋面板等采用钢筋混凝土结构。也就是说砖混结构是以小部分钢筋混凝土及大部分砖墙承重的结构。砖混结构建筑施工现场如图2-1-1所示,建筑实体工法楼砖混结构认知区实景如图2-1-2所示。

砖混结构是混合结构的一种,是采用砖墙来承重,钢筋混凝土梁柱板等构件构成的混合结构体系。适合开间进深较小,房间面积小,多层或低层的建筑,对于砖混结构承重墙体是不能随意改动的。总体来说砖混结构使用寿命和抗震等级要低些。因为稳定性差、浪费资源等原因,我国目前新建的多层、高层建筑已开始逐步淘汰砖混结构。

图2-1-1 某砖混结构建筑施工现场图　　图2-1-2 建筑实体工法楼砖混结构认知区实景图

1.建筑特点

砖混结构的承重结构是楼板和墙体。

理论上说框架结构的牢固性要大于砖混结构,所以砖混结构在做建筑设计时,楼高不能超过6层,而框架结构可以做到几十层。但在实际建设过程中,国家规定了建筑物要达到的抗震等级,无论是砖混还是框架,都要达到这个等级,而开发商即使用框架结构盖房子,也不会为了提高建筑坚固程度而增加投资,只要满足抗震等级就可以了。

在隔音效果上来说,砖混住宅的隔音效果是中等的,框架结构的隔音效果取决于隔断材料的选择,一些高级的隔断材料的隔音效果要比砖混好,而普通的隔断材料,如水泥空心板之类的,隔音效果是很差的。

如果要进行室内空间的改造,框架结构因为多数墙体不承重,所以改造起来比较简单,敲掉墙体就可以了,而砖混结构中很多墙体是承重结构,不允许拆除的,只能在少数非承重墙体上进行改造。

区别承重墙和非承重墙的一个简单方法是看原始结构图,通常墙体厚度在240 mm的墙体是承重的,120 mm或者更薄的墙体是非承重的。但有时为了和梁或者承重墙齐平,非承重墙也会做到240 mm的厚度。

以承重砖墙为主体的砖混结构建筑,在设计时应注意:门窗洞口不宜开得过大,排列有序;内横墙间的距离不能过大;砖墙体型宜规整和便于灵活布置。构件的选择和布置应考虑结构的强度和稳定性等要求,还要满足耐久性、耐火性及其他构造要求,如外墙的保温隔热、防潮、表面装饰和门窗开设,以及特殊功能要求。建于地震区的房屋,要根据防震规范采取防震措施,如配筋,设置构造柱、圈梁等。

2. 结构承重方案

砖混结构建筑的墙体的布置方式如下:

(1)横墙承重。用平行于山墙的横墙来支承楼层。常用于平面布局有规律的住宅、宿舍、旅馆、办公楼等小开间的建筑。横墙兼作隔墙和承重墙之用,间距为3~4 m。

(2)纵墙承重。用檐墙和平行于檐墙的纵墙支承楼层,开间可以灵活布置,但建筑物刚度较差,墙面不能开设大面积门窗。

(3)纵横墙混合承重。部分用横墙、部分用纵墙支承楼层。多用于平面复杂、内部空间划分多样化的建筑。

(4)砖墙和内框架混合承重。内部以梁柱代替墙承重,外围护墙兼起承重作用。这种布置方式可获得较大的内部空间,平面布局灵活,但建筑物的刚度不够。常用于空间较大的大厅。

(5)底层为钢筋混凝土框架,上部为砖墙承重结构。常用于沿街底层为商店,或底层为公共活动的大空间,上面为住宅、办公用房或宿舍等建筑。

二、框架结构

框架结构是由许多梁和柱共同组成的框架来承受房屋全部荷载的结构。房屋荷载包括人、家具、物品、机械设备的重量及楼板、墙体和本身自重等。砌在框架内的墙,仅起围护和分隔作用,除负担本身自重外,不承受其他荷重。一般框架以现场浇筑居多,为了加速工程进度,节约模板与顶撑,也可采取部分预制(如柱)部分现浇(梁),或柱梁预制接头现浇的施工方式。

　　框架结构示意图如图2-1-3所示,建筑实体工法楼框架结构认知区实景如图2-1-4所示。

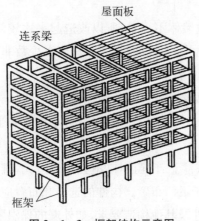

图2-1-3　框架结构示意图

图2-1-4　建筑实体工法楼框架结构认知区实景图

1.建筑特点

　　框架结构是指由梁和柱以钢筋混凝土相连接而成,构成承重体系的结构,即由梁和柱组成框架共同抵抗使用过程中出现的水平荷载和竖向荷载。框架结构的房屋墙体不承重,仅起到围护和分隔作用,一般用预制的加气混凝土、膨胀珍珠岩、空心砖或多孔砖、浮石、蛭石、陶粒等轻质板材砌筑或装配而成。

　　框架结构又称构架式结构。

　　房屋的框架按跨数分有单跨、多跨;

　　按层数分有单层、多层;

　　按立面构成分为对称、不对称;

　　按所用材料分为钢框架、混凝土框架、胶合木结构框架或钢与钢筋混凝土混合框架等。

　　其中最常用的是混凝土框架(现浇式、装配式、整体装配式,也可根据需要施加预应力,主要是对梁或板)、钢框架。装配式、装配整体式混凝土框架和钢框架适合大规模工业化施工,效率较高,工程质量较好。

2.优点

　　空间分隔灵活,自重轻,节省材料;

　　具有可以较灵活地配合建筑平面布置的优点,利于安排需要较大空间的建筑结构;

　　框架结构的梁、柱构件易于标准化、定型化,便于采用装配整体式结构,以缩短施工工期；

采用现浇混凝土框架时，结构的整体性、刚度较好，设计处理好也能达到较好的抗震效果，而且可以把梁或柱浇筑成各种需要的截面形状。

3.缺点

框架节点应力集中显著；

框架结构的侧向刚度小，属柔性结构框架，在强烈地震作用下，结构所产生水平位移较大，易造成严重的非结构性破坏。吊装次数多，接头工作量大，工序多，浪费人力，施工受季节、环境影响较大；

不适宜建造超高层建筑，框架是由梁柱构成的杆系结构，其承载力和刚度都较低，特别是水平方向的（即使可以考虑现浇楼面与梁共同工作以提高楼面水平刚度，但也是有限的），它的受力特点类似于竖向悬臂剪切梁，其总体水平位移上大下小，但相对于各楼层而言，层间变形上小下大，设计时如何提高框架的抗侧刚度及控制好结构侧移为重要因素，对于钢筋混凝土框架，当高度大、层数相当多时，结构底部各层不但柱的轴力很大，而且梁和柱由水平荷载所产生的弯矩和整体的侧移亦显著增加，从而导致截面尺寸和配筋增大，对建筑平面布置和空间处理，就可能带来困难，影响建筑空间的合理使用。在材料消耗和造价方面稍高，故一般适用于建造不超过15层的房屋，超高建筑建议采用框架剪力墙结构。

三、框架-剪力墙结构

框架-剪力墙结构，俗称为框剪结构。主要结构是框架，由梁柱构成，小部分是剪力墙。墙体全部采用填充墙体，由密柱高梁空间框架或空间剪力墙所组成，在水平荷载作用下起整体空间作用的抗侧力构件。适用于平面或竖向布置繁杂、水平荷载大的高层建筑。

框架-剪力墙结构示意图如图2-1-5所示，框架-剪力墙结构实景图如图2-1-6所示。

图2-1-5　框架-剪力墙结构示意图　　　图2-1-6　框架-剪力墙结构实景图

1. 建筑特点

(1) 受力特点

框剪结构是当代高层建筑设计普遍采用的结构形式,全称为"框架剪力墙结构"。该结构是在框架结构中布置一定数量的剪力墙,构成灵活自由的使用空间,满足不同建筑功能的要求,足够数量的剪力墙使建筑本身拥有相当大的刚度。框剪结构的受力特点是框架和剪力墙结构两种不同的抗侧力结构组成的新的受力结构形式,所以它的框架不同于纯框架中的框架,剪力墙在框剪结构中也不同于纯剪力墙结构中的剪力墙,因为在下部楼层剪力墙的位移较小,它拉着框架按弯曲型曲线变形,剪力墙承受大部分水平力,上部楼层则相反,剪力墙位移越来越大,有外侧的趋势,而框架则有内收的趋势,框架拉剪力墙按剪切型曲线变形,框架除了负担荷载产生的水平力外,还额外负担了把剪力墙拉回来的附加水平力,剪力墙不但不承受荷载产生的水平力,还因为给框架一个附加水平力而承受负剪力,所以上部楼层即使外荷载产生的楼层剪力很小,框架中也出现相当大的剪力,框架剪力墙结构中的剪力墙可以单独设置,也可以利用电梯井、楼梯间、管道井等墙体。

(2) 设计及施工的特点

在建设用地日益紧张的今天,高层框剪结构的建筑设计被广泛采用,高层框剪结构一般都设计地下室,基础采用筏板基础全现浇砼结构。在高层建筑群体建筑设计中,一般利用地下室或架空层与各主楼连接,主楼基础与地下室连接,连接部分的基础之间设置后浇带,后浇带一般设计要求在主楼主体封顶后再进行浇筑。高层框剪结构建筑根据设计的高度和层数不同,每平方米含钢量在 55 kg~85 kg 之间,设计选用的钢材,主受力钢筋一般采用二级钢和三级钢,三级钢采用的较多,构造钢筋一般选用二级钢和一级钢,砼设计一般采用 C50、C40、C35 三个等级的砼,也有个别采用 C55、C60 等级的。

框剪结构施工常见的工艺为:现场搭设钢管脚手架作为承重和支撑体系,现场加工木模板作为砼构件的成型模具,钢筋连接采用直螺纹连接和竖向对焊;城市市区施工采用商品砼,郊区施工条件许可可自设大型搅拌站,混凝土现浇采用混凝土输送泵进行浇筑,振捣采用插入式振动器振捣,垂直运输采用塔吊和施工电梯。

2. 框架结构与砖混结构的区别

框架结构与砖混结构主要是承重方式的区别。框架结构的承重结构是梁、板、柱,而砖混结构的住宅承重结构是楼板和墙体。

3. 框架结构与框剪结构的区别

框剪结构与框架结构的主要区别就是多了剪力墙,框架结构的侧向刚度不强,高层或超高层的框架结构建筑更是如此。为了解决这个问题故使用剪力墙(或称抗震墙)。剪力墙是自基础顶面至设计高度不中断的抗侧力构件,其抗侧刚度大,但抗侧平面外刚度小,故一般不考虑其承受竖向荷载,它的布置要按照相关规定进行,剪力墙也可以起到墙体的围护和分隔作用。

四、钢结构

钢结构是由钢制材料组成的结构,是主要的建筑结构类型之一。结构主要由型钢和钢板等制成的梁钢、钢柱、钢桁架等构件组成,并采用硅烷化、纯锰磷化、水洗烘干、镀锌等除锈防锈工艺。各构件或部件之间通常采用焊缝、螺栓或铆钉连接。因其自重较轻,且施工简便,广泛应用于大型厂房、场馆、超高层等领域。

钢结构建筑施工现场如图 2-1-7 所示,建筑实体工法楼钢结构认知区实景如图 2-1-8 所示。

图 2-1-7　某钢结构建筑施工现场图　　　图 2-1-8　建筑实体工法楼钢结构认知区实景图

1. 结构特点

(1)材料强度高,自身重量轻

钢材强度较高,弹性模量也高。钢材与混凝土和木材相比,其密度和屈服强度相对较高,因而在同样受力条件下钢结构的构件截面小,自重轻,便于运输和安装,适于跨度大,高度高,承载重的结构。

(2)钢材韧性,塑性好,材质均匀,结构可靠性高

适于承受冲击和动力荷载,具有良好的抗震性能。钢材内部组织结构均匀,近于各向同性匀质体,钢结构可靠性高。

(3)钢结构制造安装机械化程度高

钢结构构件便于在工厂制造、工地拼装。工厂机械化制造钢结构构件成品精度高、生产效率高、工地拼装速度快、工期短。钢结构是工业化程度最高的一种结构。

（4）钢结构密封性能好

由于焊接结构可以做到完全密封，可以作成气密性，水密性均很好的高压容器，大型油池，压力管道等。

（5）钢结构耐热不耐火

当温度在150℃以下时，钢材性质变化很小。因而钢结构适用于热车间，但结构表面受150℃左右的热辐射时，要采用隔热板加以保护。温度在300℃～400℃时，钢材强度和弹性模量均显著下降，温度在600℃左右时，钢材的强度趋于零。在有特殊防火需求的建筑中，钢结构必须采用耐火材料加以保护以提高耐火等级。

（6）钢结构耐腐蚀性差

特别是在潮湿和腐蚀性介质的环境中，容易锈蚀。一般钢结构要除锈、镀锌或涂料，且要定期维护。对处于海水中的海洋平台结构，需采用"锌块阳极保护"等特殊措施予以防腐蚀。

（7）低碳、节能、绿色环保，可重复利用

钢结构建筑拆除产生建筑垃圾较少，钢材可以回收再利用。

2.钢结构建筑屋面系统

钢结构建筑是由钢屋架、结构OSB面板、防水层、轻型屋面瓦（金属）及相关连接件组成的。层面轻钢结构建筑的屋面，外观可以有多种组合，材料也有多种，在保障了防水的前提下，外观设计方案众多。

3.钢结构建筑墙体结构

轻钢结构住宅的墙体主要由墙架柱、墙顶梁、墙底梁、墙体支撑、墙板和连接件组成。建筑轻钢结构住宅一般将内横墙作为结构的承重墙，墙柱为C形轻钢构件，其壁厚根据所受的荷载而定，墙柱间距小，建筑轻钢结构住宅这种墙体结构布置方式，可有效承受并可靠传递竖向荷载，且布置方便。

建筑构造认知

房屋建筑工程构造节点是建筑业从业人员对建筑工程认知的首要环节。在施工现场参观实习和对建筑实体工法楼的建筑构造节点认知实习时应重点了解下列内容。

(1)查看建筑施工图的总平面图,了解建筑物所处的位置及其与周围环境的关系,如建筑物的高度、体型、颜色格调与周围建筑物是否协调,建筑物出入口与周围道路的关系。

(2)查看建筑设计总说明,了解建筑物的建筑面积、使用面积、总造价、每平方米造价等各项经济指标。

(3)了解建筑物总体造型及外观处理情况:建筑物在立体、平面结构布置上的变化;建筑物顶部(檐口)的形式、排水方式及雨水管的布置;立面色调及采用的装饰材料,思考建筑与美学艺术的关系。

(4)了解建筑物的平面布置情况:建筑物的平面形式、使用房间、辅助房间、交通系统的布置及主要功能,主要房间的开间、进深及柱网尺寸;门厅、过厅的布置方式及其使用情况,走道、楼梯间的布置位置及主要尺寸;门窗的大小、位置,并思考其确定因素。

(5)了解建筑物的剖面情况:建筑物的层数、层高、总高,房间的高度与使用功能、结构体系和空间的比例关系;底层地面与室外地坪的高差,入口台阶的形式;窗台高度及建筑物空间利用情况。

(6)了解建筑物各细部构造形式:主要入口的台阶、雨篷、门斗、门廊、门厅的构造处理与装修;楼梯的形式、组成、踏步尺寸、楼梯井尺寸、楼梯栏杆扶手的高度与固定方法;外墙构造,包括散水、勒脚、防潮层、窗台板、过梁、墙体厚度、墙体材料以及墙体与梁柱的连接;内墙、隔墙构造,包括墙体厚度、墙体材料以及墙体与梁柱的连接;楼地面、顶棚、吊顶采用的材料;屋面构造及其组成,防水层材料,檐口尺寸、泛水高度及处理,屋面坡度;变形缝的类型,变形缝在屋面、地面、楼面、内外墙面的构造处理;地下室、烟道、通风道、垃圾道、阳台雨罩、储藏设施的构造。

(7)单层工业厂房应了解的内容:厂房结构的组成,主要结构构件柱、梁、屋架、屋面板的尺寸、位置;跨度与柱距尺寸、各构件之间的相互关系;连系梁的布置、吊车梁的布置、柱间支撑的布置、屋盖支撑的布置,抗风柱与屋架的连接构造,外墙与柱、牛腿柱与吊车梁、牛腿柱与屋架的连接构造;天窗的形式、组成、构造及屋面排水处理;侧窗、大门的形式、位置与尺寸。

一、基础及地下室部分

扫码查看
现场视频

§1 大放脚基础

1.简介

1) 概述

大放脚基础是指采用砖砌体砌筑而成的一种基础形式。

2) 分类

分为等高式大放脚基础和不等高式大放脚基础;

3) 特点及适用范围

(1) 属于刚性基础范畴,抗压性能好,整体性、抗拉、抗弯性能较差;易于就地取材、价格较低、施工简便,在干燥与温暖地区应用广泛;

(2) 适用于地基坚实、均匀,上部荷载较小,七层和七层以下的一般民用建筑和墙承重的轻型厂房基础工程。

2.构造图例

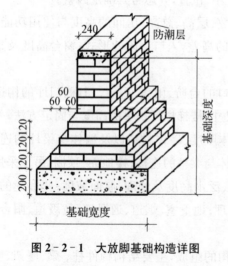

图 2-2-1 大放脚基础构造详图 图 2-2-2 建筑实体工法楼大放脚基础节点图

3.构造原理

(1) 在墙基础顶面应设防潮层,其厚度一般为 20 mm,由水泥砂浆加适量的防水剂铺设,位置在底层室内地面以下一皮砖处;

（2）等高式大放脚是每二皮砖一收,每次收进 1/4 砖,不等高式大放脚是二皮一收与一皮一收相间隔,每次收进 1/4 砖。

4. 施工工艺流程

测量放线→确定组砌方法→砖浇水→拌制砂浆→排砖摞底→墙体盘角→立皮数杆→挂线→砌砖基础→勾缝→验收。

§2 条形基础

1. 简介

1）概述

条形基础是指基础长度远远大于宽度的一种基础形式。

2）分类

（1）按上部结构分为墙下条形基础和柱下条形基础;

（2）按构造类型分为有梁条形基础和无梁条形基础;

（3）按形状分为阶梯形条形基础和锥形条形基础。

3）作用及适用范围

作用:条形基础承受建筑物上部结构传下来的全部荷载,并把这些荷载连同本身的重量一起传到地基上,防止建筑倒塌。

（1）抗弯和抗剪强度大,整体性、耐久性较好,与无筋基础相比,其基础高度较小;

（2）适用于基础底面积大而埋深较小的情况;

（3）板式条形基础适用于钢筋混凝土剪力墙结构和砌体结构。

2. 构造图例

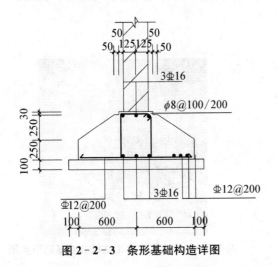

图 2-2-3 条形基础构造详图

图 2-2-4 建筑实体工法楼条形基础节点图

3．构造原理

（1）柱下条形基础梁的高度宜为柱距的 1/4～1/8。翼板厚度不应小于 200 mm。当翼板厚度大于 250 mm 时,宜采用变厚度翼板,其坡度宜小于或等于 1∶3;

（2）条形基础的端部宜向外伸出,其长度宜为第一跨距的 0.25 倍;

（3）锥形条形基础边缘高度不宜＜200 mm,且两个方向的坡度不宜＞1∶3;阶梯形基础的每阶高度宜为 300～500 mm。

4．施工工艺流程

基槽清理、验槽→混凝土垫层浇筑、养护→抄平、防线→基础钢筋绑扎→支模板→钢筋、模板质量检查,清理→混凝土浇筑→混凝土养护→拆模。

§3 独立基础

1．简介

1）概述

独立基础是指当建筑物上部采用框架结构或单层排架结构,且柱距较大时而采用的一种基础形式。

2）分类

独立基础分三种:阶梯形独立基础、锥形独立基础、杯形独立基础。

3）特点及适用范围

（1）抗弯和抗剪强度大,整体性、耐久性较好;

（2）与无筋基础相比,其基础高度较小,适用于基础底面积大而埋深较小的情况;

（3）可在竖向荷载较大、地基承载力不高以及承受水平力和力矩荷载等情况下使用。

2．构造图例

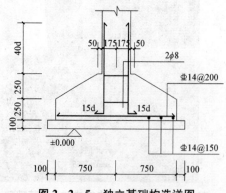

图 2-2-5 独立基础构造详图

图 2-2-6 建筑实体工法楼独立基础节点图

3.构造原理

（1）长宽比在 3 倍以内且底面积在 20 m² 以内的为独立基础；

（2）独立基础一般设在柱下，适用于中心受压的受力状态；

（3）锥形独立基础的边缘高度，不宜小于 200 mm，不宜大于 500 mm；

（4）阶梯形独立基础的每阶高度，宜为 300～500 mm，高度 500～900 时，用两阶，大于 900 mm 时用三阶；

（5）基础下需要做混凝土垫层。

4.施工工艺流程

修整基坑→浇筑垫层混凝土→基础钢筋绑扎→支模板→钢筋隐检、模板预检→浇筑混凝土→拆模→混凝土养护。

§4 毛石基础

1.简介

1）概述

毛石基础是指由强度较高而未风化的毛石和砂浆砌筑而成的基础。

2）分类

毛石基础按其剖面形式有矩形、阶梯形和梯形三种。

3）特点及适用范围

（1）特点

① 易于就地取材、价格低，但施工劳动强度大；

② 具有抗压强度高、抗冻、耐水等特点；

③ 断面多为阶梯形和矩形，并常与砖基础共用。

（2）适用范围

毛石运输、堆放不便，多用于邻近山区石材丰富的一般标准的砖混结构建筑基础工程中。

2. 构造图例

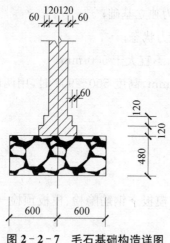

图 2-2-7 毛石基础构造详图

图 2-2-8 建筑实体工法楼毛石基础节点图

3. 构造要求

（1）毛石基础要用强度等级不低于 MU30 的毛石，不低于 M5 的砂浆砌筑；

（2）毛石基础每台阶高度不宜小于 400 mm，宽度不宜小于 200 mm，每阶两边各伸出宽度不宜大于 200 mm；

（3）石块应错缝搭砌，缝内砂浆应饱满，且每步台阶不应少于两匹毛石，石块上下皮竖缝必须错开（不少于 10 cm，角石不少于 15 cm），做到丁顺交错排列；

（4）毛石的形体不规则，块体不宜过大也不宜过小。砌在露明处的毛石粒径一般不小于 300 mm，中间填塞的馅石可适当减小；

（5）毛石退台宽度取为 $b \leqslant 200$ mm，宽高比 $b/h \leqslant 200/400 = 1:2$。毛石基础最窄的一台宽度应不小于 500 mm。墙或柱底在毛石基础顶部每侧宽度应不小于 100 mm。毛石基础底宽 $\leqslant 700$ mm 时应作成矩形截面，无须退台。

4. 施工工艺流程

选石备砌筑砂浆→清槽→放线抄平→挂线→砌角石→砌面及腹石→验收

§5 素混凝土基础

1. 简介

1）概述

素混凝土基础是指由无筋或不配置受力钢筋的混凝土制成的基础。

2）分类

素混凝土基础可分为墙下条形基础和柱下独立基础。

3）特点及适用范围

（1）施工简便，稳定性好，用料多、自重大；

（2）坚固耐久、抗水抗冻，多用于地下水位较高或有冰冻情况的建筑；

（3）用于土质较均匀、地下水位较低、六层以下的砖墙承重建筑和轻型厂房。

2. 构造图例

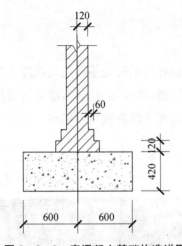

图 2-2-9　素混凝土基础构造详图　　图 2-2-10　建筑实体工法楼素混凝土基础节点图

3. 构造原理

（1）基础的断面应保证两侧有不小于 200 mm 的垂直面，按刚性角容许值倾斜；

（2）施工中不能出现锐角，以防因石子堵塞影响浇筑质量，从而减少基底的有效面积；

（3）混凝土的宽高比容许值 $[b/h]=1:1\sim1:1.25$；

（4）当混凝土基础的体积过大时，为节省混凝土用量和减缓大体积混凝土在凝固过程中产生大量热量不易散发而引起开裂，可加入适量毛石。加入的毛石粒径不得超过 300 mm，也不得大于每台宽度或高度的 1/3。毛石的体积为总体积的 20%～30%，且应分布均匀。毛石混凝土宽高比容许值 $[b/h]=1:1\sim1:1.5$。

4. 施工工艺流程

模板安装→槽底或模板内清理→混凝土浇筑→混凝土振捣→混凝土养护模板拆除→防潮层施工→基础回填土。

§6 筏板基础

1. 简介

1）概述
筏板基础是指基础整体连成一片,浇筑成板一样的基础。

2）分类
筏板基础分为梁板式筏板基础和平板式筏板基础。

3）特点及适用范围
(1) 荷载较大,地基承载力较弱,常用筏板基础,能很好地抵抗地基不均匀沉降;

(2) 对上部结构刚度较好的多层房屋,能增加整体性能,减少相对沉降,增强抗震性能;

(3) 可跨越土中浅层小洞穴和局部软弱层,防止因局部下沉造成房屋损坏。

2. 构造图例

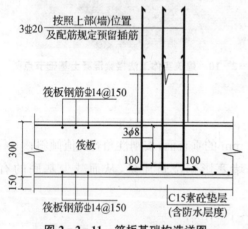

图 2-2-11 筏板基础构造详图

图 2-2-12 建筑实体工法楼筏板基础节点图

3. 构造要求

(1) 筏板厚度一般不小于柱网最大跨度的 1/20,并不小于 200 mm;

(2) 悬臂部分宜沿建筑物宽度方向设置;

(3) 设置肋梁时宜取 200～400 mm,当梁肋不外伸时板挑出长度不宜大于 2 m;

(4) 筏基可适当加设悬臂部分以扩大基底面积和调整基底形心与上部荷载重心尽可能一致;

(5) 砼不低于 C20,钢筋保护层不小于 35 mm;

(6) 地下水位以下的地下室底板应考虑抗渗,并进行抗裂度验算。

4.施工工艺流程

土方开挖→人工找平→基坑验槽→浇筑垫层混凝土→钢筋绑扎→模板安装→钢筋隐检、模板预检→混凝土浇筑→拆模→混凝土养护。

§7　箱形基础

1.简介

1）概述

箱形基础是指由底板、顶板、钢筋混凝土纵横隔墙构成的整体现浇钢筋混凝土基础。

2）分类

箱形基础分为箱形基础、桩箱基础。

3）特点及适用范围

（1）有很大的刚度和整体性，因而能有效地调整基础的不均匀沉降，常用于上部荷载较大、地基软弱且分布不均的情况，当地基特别软弱且复杂时，可采用箱基下设桩基的方案。

（2）有较好的抗震效果，箱型基础将上部结构较好的嵌固于基础，基础埋置得又较深，因而可降低建筑物的重心，从而增加建筑物的整体性。在地震区，对抗震、人防和地下室有要求的高层建筑，宜采用箱型基础。

（3）有较好的补偿性，箱型基础的埋置深度一般较大，基础底面处的土自重应力和水压力在很大程度上补偿了由于建筑物自重和荷载产生的基底压力。

（4）具有较大的地下空间可供使用。

2.构造图例

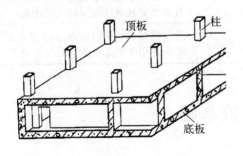

图 2-2-13　箱形基础构造示意图　　图 2-2-14　建筑实体工法楼箱形基础实景图

3.构造原理

（1）为避免基础出现过度倾斜，在平面布置上尽可能对称，以减少荷载的偏心距，偏心

距一般不宜大于 0.1ρ(ρ 为基础底板面积抵抗矩对基础底面积之比);

(2) 高度一般取建筑物高度的 1/8~1/12,同时不宜小于其长度的 1/18;

(3) 底、顶板的厚度应满足柱或墙冲切验算要求,底板厚度一般取隔墙间距的 1/10~1/8,约为 30~100 cm,顶板厚度约为 20~40 cm;

(4) 墙体厚度应根据实际受力情况确定,外墙不应小于 250 mm,常用 250~400 mm,内墙不宜小于 200 mm,常用 200~300 mm;

(5) 基础混凝土标号不宜低于 C20,抗渗标号不宜低于 S6;

(6) 为保证箱型基础的整体刚度,对墙体的数量应有一定的限制,即平均每平方米基础面积上墙体长度不得小于 40 cm,或墙体水平截面积不得小于基础面积的 1/10,其中纵墙配置量不得小于墙体总配置量的 3/5;

(7) 箱基的埋置深度应满足抗倾覆和抗滑移的要求。在抗震设防地区,其埋深不宜小于建筑物高度的 1/15,同时基础高度要适合做地下室的使用要求,净高不应小于 2.2 m;

(8) 箱基中应尽量少开洞口,必须开设洞口时,门洞应设在柱间居中位置,洞边至柱中心的距离不宜小于 1.2 m,洞口上过梁的高度不宜小于层高的 1/5,洞口面积不宜大于柱距与箱基全高乘积的 1/6,墙体洞口周围按计算设置加强钢筋。

4. 知识拓展

刚性基础与柔性基础的对比

对比项目	刚性基础	柔性基础
定义	刚性基础指用砖、石、灰土、混凝土等抗压强度大而抗弯、抗剪强度小的材料做基础(受刚性角的限制)。	柔性基础称为钢筋混凝土基础,是指用抗拉、抗压、抗弯、抗剪均较好的钢筋混凝土材料做基础(不受刚性角的限制)。
特点	抗压大,抗拉、弯、剪差。	抗拉、抗压、抗弯、抗剪均较好。
适用范围	用于地基承载力较好、压缩性较小的中小形民用建筑。	用于地基承载力较差、上部荷载较大、设有地下室且基础埋深较大的建筑。
受力	刚性基础在中心荷载下,基础均匀下沉。	柔性基础不能扩散应力,因此基底反力分布与作用于基础上的荷载分布完全一致。

§8 桩基础

1. 简介

1) 概述

桩基础是指通过承台把若干根桩的顶部联结成整体,共同承受动静荷载的一种深基础。

2) 分类

(1) 按承载性状分为摩擦型桩、端承型桩;

（2）按成桩方法分为非挤土桩、部分挤土桩和挤土桩；

（3）按桩径大小分为小桩（$d \leqslant 250$ mm）、中等直径桩（250 mm$<d<$800 mm）、大直径桩（$d \geqslant 800$ mm）；

（4）按施工方法分为混凝土预制桩、灌注桩、钢管桩、树根桩、圆木桩、高压旋喷桩、钢板桩。

3）适用范围

（1）上部土层软弱不能满足承载力和变形要求，而下部存在较好的土层时，采用桩基础，将荷载传递给深部硬土层；

（2）荷载较大，地基上部土层软弱，适宜的地基持力层位置较深，采用浅基础或人工地基在技术上、经济上不合理时；

（3）基础需要承受向上的力，用桩依靠桩杆周围的负摩阻力来抵抗向上的力，即"抗拔桩"；

（4）当建筑物受到较大的水平荷载，需要减少水平位移和倾斜时；

（5）地基软硬不均或荷载分布不均，天然地基不能满足结构物对不均匀变形的要求时，可采用桩基础；

（6）当施工水位或地下水位较高时，采用其他的深基础不合理或不经济时；

（7）考虑建筑物受相邻建筑物、地面堆载以及施工开挖、打桩等影响，采用浅基础将会产生过量倾斜或沉降时用桩基础；

（8）在地震区可增加建筑物的抗震性能，减少地震的危害。

2. 构造图例

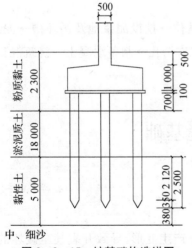

图 2-2-15　桩基础构造详图

图 2-2-16　建筑实体工法楼桩基础实景图

3. 构造原理

（1）混凝土预制桩的截面边长不应小于 200 mm；预应力混凝土预制实心桩的截面边长不宜小于 350 mm；

(2) 预制桩的混凝土强度等级不宜低于 C30,预应力混凝土实心桩的混凝土强度等级不应低于 C40;

(3) 预制桩纵向钢筋的混凝土保护层厚度不宜小于 30 mm;

(4) 预制桩的分节长度应根据施工条件及运输条件确定,一般为 6～12 m,每根桩的接头数量不宜超过 3 个;

(5) 预制桩的桩尖可将主筋合拢焊在桩尖辅助钢筋上,对于持力层为密实砂和碎石类土时,宜在桩尖处包以钢钣桩靴,加强桩尖;

(6) 灌注桩桩身混凝土强度等级一般采用 C25,水下灌注混凝土不应低于 C20;

(7) 钻(挖)孔桩是采用就地灌注的钢筋混凝土桩,桩身常为实心断面,混凝土标号不低于 C20,对仅承受竖直力的桩基础可用 C15;

(8) 钻孔桩设计直径一般为 0.8～0.15 m,挖孔桩的直径或最小边宽度不宜小于 1.2 m。

4. 施工工艺流程

(1) 压预制桩

测量放线→桩孔定位→装机就位→吊桩、插桩→桩身对中→压桩→接桩→压桩→终止压桩→切割桩→成桩。

(2) 沉管灌注桩

点位施测→桩机就位→桩尖入土→沉管→埋设钢筋笼→灌注混凝土→拔管→成桩、移机下位。

(3) 泥浆护壁成孔灌注桩

测量放线→桩机就位→埋设护筒→钻机安装就位→挖设泥浆池及循环槽→泥浆循环、钻进成孔→终孔→清孔→吊放钢筋笼→下导管→二次清孔→制备混凝土→浇筑混凝土→拔出导管和护筒→成桩。

§9 变形缝基础

1. 简介

1) 概述

变形缝基础是指针对建筑物在外界因素作用下产生变形,导致开裂甚至破坏的情况而预留构造缝形成的基础。

2) 分类

变形缝基础分为沉降缝双柱基础和伸缩缝双柱基础。

3) 特点及适用范围

(1) 同一建筑物相邻部分的高度相差较大或荷载大小相差悬殊及结构形式变化之处,

易导致地基沉降不均匀时;

(2) 当建筑物各部分相邻基础的形式、宽度及埋深相差较大,造成基础底部压力有很大差异,易形成不均匀沉降时;

(3) 当建筑物建造在不同地基上,且难于保证均匀沉降时;

(4) 建筑物体形比较复杂,连接部位又比较薄弱时。

2. 构造图例

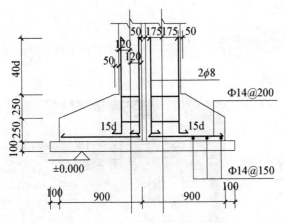

图 2-2-17 变形缝基础构造详图

图 2-2-18 建筑实体工法楼变形缝基础节点图

3. 构造要求

(1) 设置沉降缝的基础必须完全断开,宽度一般为 20~30 mm,在软弱基础上五层以上的建筑其缝宽应适当增加;

(2) 设置伸缩缝的基础不必须断开,宽度一般为 20~30 mm。

4. 施工工艺流程

修整基坑→浇筑垫层混凝土→基础钢筋绑扎→支模板→钢筋隐检、模板预检→浇筑混凝土→拆除模板→混凝土养护。

§10 地下室

1. 简介

1) 概述

在建筑物首层下面的房间叫地下室。

2) 分类

地下室按埋入地下深度的不同,分为全地下室和半地下室。当地下室地面低于室外地坪的高度超过该地下室净高的1/2时为全地下室;当地下室地面低于室外地坪的高度超过该地下室净高的1/3,但不超过1/2时为半地下室。

地下室按使用功能来分,有普通地下室和人防地下室。普通地下室一般用作设备用房、储藏用房、商场、餐厅、车库等;人防地下室主要用于战备防空。

3) 组成

地下室是建筑物底层下面的房间,地下室一般由墙体、顶板、底板、门窗、楼梯、采光井六大部分组成。

2. 构造图例

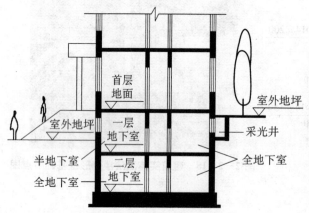

图 2-2-19 地下室构造示意图

图 2-2-20 建筑实体工法楼地下室实景图

3. 构造要求

(1) 墙体:地下室的外墙不仅承受垂直荷载,还承受土、地下水和土壤冻胀的侧压力。因此地下室的外墙应按挡土墙设计,其最小厚度除应满足结构要求外,还应满足抗渗厚度的要求,此外,外墙应做防潮或防水处理。

(2) 顶板:地下室顶板可用预制板、现浇板、装配整体式楼板或者其它形式的楼板。但如为防空地下室或一般地下室兼有人防功能,应具有足够的强度和抗冲击能力,必须采用现浇板,并按有关规定决定厚度和混凝土强度等级。

(3) 底板:地下室底板应具有良好的整体性和较好的刚度,视地下水位情况作防潮或防水处理。底板处于最高地下水位以上,并且无压力作用时,按防潮处理;如底板处于最高地下水位以下时,应采用钢筋混凝土底板,并双层配筋,垫层上应设置防水层,以防渗漏。

(4) 门窗:普通地下室的门窗与地上房间门窗相同,地下室外窗如在室外地坪以下时,应设置采光井和防护箅,以利室内采光、通风和室外行走安全。防空地下室一般不允许设窗,如需开窗,应满足防冲击要求,并且应设置战时堵严措施。防空地下室的外门应按防空等级要求,设置相应的防护构造。

(5)楼梯:地下室楼梯可与地面上房间结合设置,层高小或用作辅助房间的地下室,可设置单跑楼梯,防空要求的地下室至少要设置两部楼梯通向地面的安全出口,并且必须有一个是独立的安全出口,这个安全出口周围不得有较高建筑物。

(6)采光井:地下室的外窗处,可按其与室外地面的高差情况设置采光井。采光井可以单独设置,也可以联合设置,视外窗的间距而定。

4. 知识拓展

1) 地下室防潮

当地下水的常年水位和最高水位都在地下室地坪标高以下时,地下水位不可能直接侵入室内,墙和地坪仅受土层中地潮的影响。地潮是指土层中毛细管水和地面水下渗而造成的无压力水。这时地下室只需做防潮,砌体必须用水泥砂浆砌筑,墙外侧抹 20 mm 厚水泥砂浆抹面后,涂刷冷底子油一道及热沥青两道,然后回填低渗透性的土壤,如黏土、灰土等,并逐层夯实。这部分回填土的宽度为 500 mm 左右。此外,在墙身与地下室地坪及室内地坪之间设墙身水平的防潮层,以防止土中潮气和地面雨水因毛细作用沿墙体上升而影响结构。

地下室所有的墙体都必须设两道水平防潮层,一道设在地下室地坪附近,一般设置在内、外墙与地下室地坪交接处;另一道设在距室外地面散水以上 150 mm~200 mm 的墙体中,以防止土层中的水分因毛细管作用沿基础和墙体上升,导致墙体潮湿和增大室内的湿度。

2) 地下室防水

(1)防水混凝土防水

通过调整配合比或掺外加剂等手段,改善混凝土自身密实性,提高其抗渗能力。

(2)防水卷材防水

卷材防水层一般采用高聚物改性沥青防水卷材(如 SBS 改性沥青防水卷材、APP 改性沥青防水卷材)或高分子防水卷材(如三元乙丙橡胶防水卷材、再生胶防水卷材等)与相应的胶结材料黏结形成防水层。按照卷材防水层的位置不同,分外防水和内防水。

① 外防水是将卷材防水层满包在地下室墙体和底板外侧的做法,其构造要点是:先做底板防水层,并在外墙外侧伸出接茬,将墙体防水层与其搭接,并高出最高地下水位500 mm~1 000 mm,然后在墙体防水层外侧砌半砖保护墙。应注意在墙体防水层的上部设垂直防潮层与其连接。② 内防水是将卷材防水层满包在地下室墙体和地坪的结构层内侧的做法,内防水施工方便,但属于被动式防水,对防水不利,所以一般用于修缮工程。

(3)涂料防水

适用于新建砖石或钢筋混凝土结构的迎水面作专用防水层或新建防水钢筋混凝土结构的迎水面作附加防水层,加强防水、防腐能力;或已建防水或防潮建筑外围结构的内侧,作补漏措施。

（4）水泥砂浆防水

水泥砂浆防水分为多层普通水泥砂浆防水层和掺外加剂水泥砂浆防水层两种,属于刚性防水,适用于主体结构刚度较大,建筑物变形小及面积较小的工程,不适用于有侵蚀性、有剧烈震动的工程。一般条件下做内防水为好,地下水压较高时,宜增做外防水。

§11　采光井

1. 简介

1）概述

采光井是地下室外墙的侧窗以挡土墙围砌成的井形采光口。井底低于窗台,并应有排水设施。

2）组成

采光井由侧墙、底板和防护篦组成。

3）分类

（1）按大小分为:地下室外小型采光井和大型公共建筑内部大型采光井;

（2）按材料分为:砖砌采光井、混凝土采光井、钢采光井和玻璃采光井。

4）作用及适用范围

作用:主要是解决建筑内个别房间采光不好的问题,还兼具通风和景观的作用。

适用范围:（1）地下室外及半地下室采光通风不足的位置;

（2）大型建筑内部采光通风不足位置。

2. 构造图例

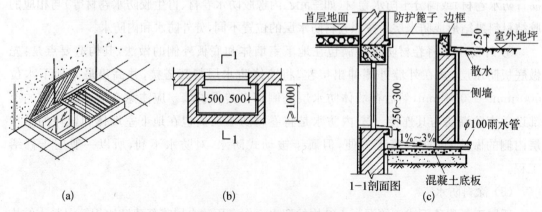

(a)　　　　　(b)　　　　　(c)

图 2 - 2 - 21　采光井构造详图

3. 构造要求

采光井可以单独设置,也可以联合设置,视外窗的间距而定。

侧墙可用砖砌,底板多为现浇混凝土。底板面应比窗台低 250～300 mm,以防雨水溅入和倒灌。井底部抹灰应向外侧倾斜,并在井底低处设置排水管。

4. 知识拓展

采光井是四面有房屋,或三面有房屋另一面有围墙,或两面有房屋另两面有围墙时中间的空地,一般面积不大,主要用于房屋采光、通风。采光井的位置多设在以下几处:房屋的前后两端、房屋及围墙的交汇处、中庭采光加设采光井。由于设计布局的限制,有的功能房为暗室,因此设计采光井要保证其通风和采光。

扫码查看
现场视频

二、主体部分

§12　标准砖砖墙

1. 简介

1) 概述

标准砖砖墙是指用标准砖砖块和砂浆按照一定的组砌方式砌筑成的墙体。

2) 材料

(1) 标准砖(红砖)。标准砖的规格是 240 mm×115 mm×53 mm,砖的强度等级分为 MU30、MU25、MU20、MU15、MU10 和 MU7.5 六级。

(2) 砂浆。砌筑用的砂浆有水泥砂浆、石灰砂浆和混合砂浆(水泥石灰砂浆)三种,砂浆的强度等级有六个级别:M20、M15、M10、M7.5、M5、M2.5。

3) 分类

(1) 按墙厚分:半砖墙、3/4 砖墙、一砖墙、一砖半墙、两砖墙、两砖半墙等。

(2) 按组砌方式分:一顺一丁、三顺一丁、梅花丁(十字式)、全顺、全丁等。

4) 特点及适用范围

(1) 标准砖砖墙具有较好的承重、保温、隔热、隔声、防火、耐久等性能,为低层和多层房屋所广泛采用。

(2) 砖墙可作承重墙、外围护墙和内分隔墙。

2. 构造图例

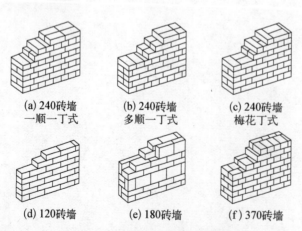

(a) 240砖墙
一顺一丁式

(b) 240砖墙
多顺一丁式

(c) 240砖墙
梅花丁式

(d) 120砖墙

(e) 180砖墙

(f) 370砖墙

图 2‑2‑22　标准砖砖墙示意图

图 2‑2‑23　建筑实体工法楼标准
砖砖墙实景图

3. 构造要求

砖墙砌筑时应横平竖直、砂浆饱满、错缝搭接、避免通缝。

4. 施工工艺流程

作业准备→抄平→放线→摆砖→立皮数杆→盘角挂线→铺灰砌砖→勾缝、清理。

§13　多孔砖砖墙

1. 简介

1) 概述

多孔砖砖墙是指用多孔砖砖块和砂浆按照一定的组砌方式砌筑成的墙体。

2) 材料

(1) 多孔砖。多孔砖以黏土、页岩、粉煤灰为主要原料,经成型、焙烧而成,孔洞率不小于 15%～30%,孔型为圆孔或非圆孔,孔的尺寸小而数量多。烧结多孔砖分为 MU30、MU25、MU20、MU15、MU10 五个强度等级。

(2) 砂浆。砌筑用的砂浆有水泥砂浆、石灰砂浆和混合砂浆(水泥石灰砂浆)三种,砂浆的强度等级有六个级别:M20、M15、M10、M7.5、M5、M2.5。

3) 分类

(1) 按使用多孔砖种类分:P 型砖砖墙(外形尺寸为 240 mm×115 mm×90 mm)和 M 型砖砖墙(外形尺寸为 190 mm×190 mm×90 mm)。

(2) 按组砌方式分:一顺一丁、三顺一丁、梅花丁(十字式)等。

4) 特点及适用范围

(1) 具有生产能耗低、节土利废、改善环境、施工方便和体轻、强度高、保温效果好、耐久、收缩变形小、外观规整等特点,是一种替代烧结黏土砖的理想材料。

(2) 适用于各类承重、保温承重和框架填充等不同建筑墙体。

2．构造图例

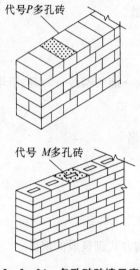

图 2－2－24　多孔砖砖墙示意图　　图 2－2－25　建筑实体工法楼多孔砖砖墙实景图

3．构造要求

多孔砖砖墙砌筑时应横平竖直、砂浆饱满、错缝搭接、避免通缝。

4．施工工艺流程

作业准备→抄平→放线→摆砖→立皮数杆→盘角挂线→铺灰砌砖→勾缝、清理。

§14　灰砂砖砖墙

1．简介

1）概述

灰砂砖砖墙是指用灰砂砖砖块和砂浆砌筑成的墙体。

2）材料

（1）灰砂砖。灰砂砖是以砂和石灰为主要原料，允许掺入颜料和外加剂，经坯料制备、压制成型、经高压蒸气养护而成的普通灰砂砖。灰砂砖的规格尺寸和标准砖相同，为 240 mm×115 mm×53 mm。灰砂砖分为 MU25、MU20、MU15、MU10 等四个强度等级。

（2）砂浆：砌筑用的砂浆有水泥砂浆、石灰砂浆和混合砂浆（水泥石灰砂浆）三种，砂浆的强度等级有六个级别：M20、M15、M10、M7.5、M5、M2.5。

3）分类

灰砂砖按有无空洞或空洞率的大小分蒸压灰砂砖和蒸压灰砂空心砖。

4）特点及适用范围

（1）蒸压灰砂砖的收缩率、线膨胀系数大，性能优良、节能的新型墙体材料，灰砂砖砖墙具有良好的耐久性能，又具有较高的墙体强度。

（2）适用于多层混合结构建筑的承重墙体。

2．构造图例

图 2-2-26　蒸压灰砂砖

图 2-2-27　建筑实体工法楼灰砂砖砖墙实景图

3．构造要求

灰砂砖砖墙砌筑时应横平竖直、砂浆饱满、错缝搭接、避免通缝。灰砂砖收缩率较大，易吸水，所以砌筑时先用标准砖砌筑三皮，再用灰砂砖砌筑墙体。

4．施工工艺流程

作业准备→抄平→放线→摆砖→立皮数杆→盘角挂线→铺灰砌砖→勾缝、清理。

§15　加气混凝土砌块墙

1．简介

1）概述

加气混凝土砌块墙是指用加气混凝土砌块和砂浆砌筑成的墙体。

2）分类

根据材料不同，常用的砌块有普通混凝土小型空心砌块、轻集料混凝土小型空心砌块、粉煤灰小型空心砌块、蒸压加气混凝土砌块、免蒸加气混凝土砌块（又称环保轻质混凝土砌块）和石膏砌块。

3）特点和适用范围

（1）重量轻（只相当于黏土砖 1/4～1/5，普通混凝土的 1/5），保温隔热性能好、抗震能力强、加工性能好（可锯、刨、钉、铣、钻，给施工带来很大的方便与灵活）。

（2）具有一定的耐高温性、隔音性能好、适应性强。适用于各类建筑地面（±0.000）以上的内外填充墙和地面以下的内填充墙。

2. 构造图例

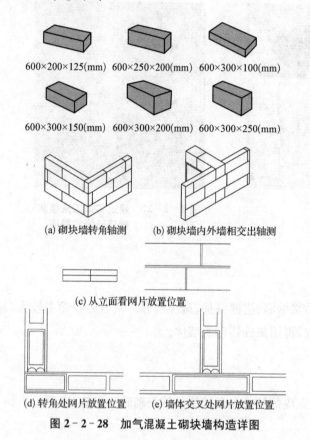

600×200×125(mm) 600×250×200(mm) 600×300×100(mm)

600×300×150(mm) 600×300×200(mm) 600×300×250(mm)

(a) 砌块墙转角轴测   (b) 砌块墙内外墙相交出轴测

(c) 从立面看网片放置位置

(d) 转角处网片放置位置   (e) 墙体交叉处网片放置位置

图 2－2－28　加气混凝土砌块墙构造详图

图 2－2－29　建筑实体工法楼加气
混凝土砌块墙实景图

3. 构造要求

（1）加气混凝土砌块砌筑前，应根据建筑物的平面、立面图绘制砌块排列图。

（2）加气混凝土砌块墙的上下皮砌块的竖向灰缝应相互错开，相互错开长度宜为 300 mm，并不小于 150 mm。如不能满足时，应在水平灰缝设置 $2\phi6$ 的拉结筋或 $\phi4$ 钢筋网片，拉结钢筋或钢筋网片的长度不应小于 700 mm。

（3）加气混凝土砌块墙的灰缝应横平竖直，砂浆饱满，水平灰缝砂浆饱满度不应小于 90%；竖向灰缝砂浆饱满度不应小于 80%。水平灰缝厚度和竖向灰缝宽度不应超过 15 mm。

（4）加气混凝土砌块墙的转角处，应使纵横墙的砌块相互搭砌，隔皮砌块露端面。加气混凝土砌块墙的 T 字交接处,应使横墙砌块隔皮露端面,并坐中于纵墙砌块。

4.施工工艺流程

墙体放线→拉结筋制作安装→砼防水反边及找平→制备砂浆→砌块排列→铺砂浆→铺灰砌砖→砌块就位→校正→镶砖→竖缝灌砂浆→勾缝。

§16 剪力墙

1.简介

1)概述

剪力墙又称抗风墙或抗震墙、结构墙。房屋或构筑物中主要承受风荷载或地震作用引起的水平荷载和竖向荷载的墙体。

2)分类

(1)按结构材料可以分为钢筋混凝土剪力墙、钢板剪力墙、型钢混凝土剪力墙和配筋砌块剪力墙。其中以钢筋混凝土剪力墙最为常用。

(2)根据受力性能不同可分为:独立墙肢、整体小开口剪力墙、整截面剪力墙、壁式框架、连肢剪力墙。

3)特点

(1)整体性好,侧向刚度大,水平力作用下侧移小,并且由于没有梁、柱等外露与凸出,便于房间内部布置。但不能提供大空间房屋,结构延性较差。

(2)剪力墙结构广泛应用于高层建筑,但是只能以小房间为主的房屋,如住宅、宾馆、单身宿舍。一般在 30 m 高度范围内都适用。

2.构造图例

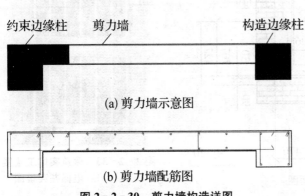

(a)剪力墙示意图

(b)剪力墙配筋图

图 2-2-30 剪力墙构造详图

图 2-2-31 建筑实体工法楼剪力墙实景图

3. 构造要求

剪力墙通常为横向布置,间距小,约为 3～6 m。同一轴线上的连续剪力墙过长时,应用楼板或小连梁分成若干个墙段,每个墙段的高宽比应不小于2。

4. 施工工艺流程

抄平、定位→组装墙模板→安装龙骨→安装穿墙螺栓→安装拉杆和斜撑→校正垂直度→墙模预检。

§17　电梯井

1. 简介

1) 概述

电梯井是安装电梯的井道,井道的尺寸是按照电梯选型来确定的,井壁上安装电梯轨道和配重轨道,预留的门洞安装电梯门,井道顶部有电梯机房。

2) 分类

(1) 电梯井按设置位置:内置和外置。

(2) 按材料分:砖砌体、混凝土、钢结构。

2. 构造图例

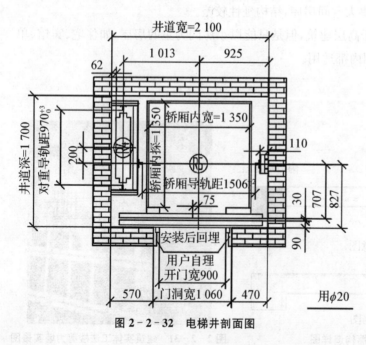

图 2-2-32　电梯井剖面图

图 2-2-33　建筑实体工法楼电梯井实景图

3. 构造要求

电梯井高度每 2 米设置一道圈梁,便于导轨安装;井道垂直度(只允许正偏差不大于 35 mm)。用混凝土浇筑的电梯井,混凝土强度等级大于 C25;用砖砌筑的电梯井一般采用实心砖。

4. 施工工艺流程

内、外脚手架搭设——钢筋安装——模板安装——混凝土施工——内、外脚手架继续搭设(后序依次施工)。

§18　构造柱

1. 简介

1) 概述

为保证建筑的整体性,在砌筑房屋墙体的规定部位,按构造配筋,并按先砌墙后浇灌混凝土柱的施工顺序制成的混凝土柱,通常称为混凝土构造柱,简称构造柱。

2) 作用

(1) 在砌体结构中其主要作用一是和圈梁一起作用形成整体性,增强砌体结构的抗震性能,二是减少、控制墙体的裂缝产生,另外还能增强砌体的强度。

(2) 在框架结构中其作用是当填充墙长超过 2 倍层高或开了比较大的洞口,中间没有支撑,纵向刚度就弱了,就要设置构造柱加强,防止墙体开裂。

3) 适用范围

(1) 按照抗震规范要求,构造柱主要设置于抗震墙中。

(2) 120(或 100)厚墙:当墙高小于等于 3 米时,开洞宽度小于等于 2.4 m,若不满足时应加构造柱或钢筋混凝土水平系梁。

(3) 180(或 190)厚墙:当墙高小于等于 4 m,开洞宽度小于等于 3.5 m,若不满足时应加构造柱或钢筋混凝土水平系梁。

(4) 墙体转角处无框架柱时、不同厚度墙体交接处,应设置构造柱。

(5) 当墙长大于 5 m(或墙长超过层高 2 倍)时,应该在墙长中部(遇有洞口在洞口边)设置构造柱。

(6) 较大洞口两侧、无约束墙端部应设置构造柱,构造柱与墙体拉结筋为 $2\phi6@500$,沿墙体全高布置。

2. 构造图例

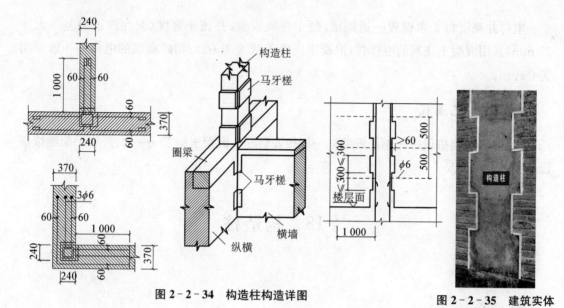

图 2-2-34　构造柱构造详图

图 2-2-35　建筑实体
工法楼构造柱实景图

3. 构造要求

(1) 构造柱最小截面为 240 mm×180 mm,宽度不应小于墙的厚度。房屋四角的构造柱可适当加大截面及配筋;

(2) 构造柱与墙体的连接处宜砌成马牙槎,并沿墙高每 500 mm 设 $2\phi6$ 拉结钢筋,每边伸入墙内不宜小于 1 m;

(3) 构造柱混凝土强度等级不应低于 C20;

(4) 构造柱可不单独设置基础,但应伸入室外地面下 500 mm,或锚入浅于 500 mm 的基础圈梁内。

4. 施工工艺流程

绑扎钢筋→砖墙砌筑、留设马牙槎→放置水平拉结钢筋→支模板→浇筑混凝土→养护→拆模。

§19　框架柱

1. 简介

1) 概述

框架柱(KZ)就是在框架结构中承受梁和板传来的荷载,并将荷载传给基础,是主要的竖向受力构件。

2）分类

（1）按截面形式分为：矩形柱、圆形柱、异形柱等。

（2）按照所处建筑物位置不同分为：中柱、边柱、角柱。

（3）按受压轴线位置分为：轴心受压柱和偏心受压柱。

3）作用

框架柱一般以受压为主。按其具体的受力情况，也会承受一定的弯矩作用。

2. 构造图例

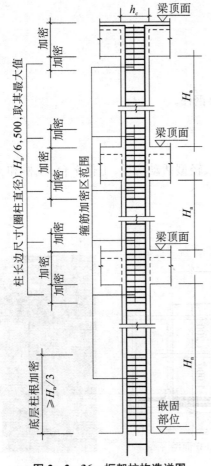

图 2-2-36　框架柱构造详图

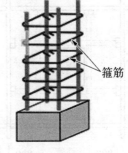

图 2-2-37　建筑实体工法楼框架柱实景图

3. 构造要求

框架柱截面尺寸宜符合规定，矩形截面柱的边长，非抗震设计时不宜小于 250 mm，抗震设计时，四级不宜小于 300 mm，一、二、三级时不宜小于 400 mm；圆柱直径，非抗震和四级抗震设计时不宜小于 350 mm，一、二、三级时不宜小于 450 mm。柱截面高宽比不宜大于 3。

截面的高与宽一般可取(1/10～1/15)层高。

4．施工工艺流程

根据已放出的定位轴线做框架柱细部放线→框架柱钢筋制做→模板施工→隐蔽工程验收→关模→框架柱混凝土浇筑→混凝土养护→拆模。

§20 钢 柱

1．简介

1）概述

钢柱是指用钢材制造的柱。

2）分类

(1) 按截面形状可分为：工字型钢柱和方形钢柱。

(2) 按截面形式可分为：实腹柱和格构柱。

3）适用范围

中型工业厂房、大跨度公共建筑、高层房屋、轻型活动房屋、工作平台、栈桥和支架等的柱，大多采用钢柱。

2．构造图例

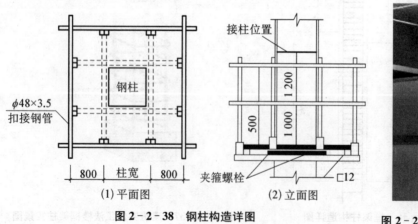

图 2-2-38 钢柱构造详图

图 2-2-39 建筑实体工法楼钢柱实景图

3．构造要求

钢柱吊点设置在钢柱的顶部，腹板上加焊吊耳。钢柱安装起吊时离地 50 cm 时暂停，检查无误后再继续起吊。钢柱连接与构件安装采用焊接或螺栓连接的节点，需检查连接节点，合格后方能进行焊接或紧固。安装螺栓孔不允许用气割扩孔,永久性螺栓不得垫两个以上垫圈。

4. 施工工艺流程

吊装准备→吊点设置→钢柱防腐除锈刷漆→钢柱与钢板焊接安装→钢柱刷调和面漆→检查、验收。

§21 圈 梁

1. 简介

1) 概述

圈梁是在房屋的檐口、窗顶、楼层、吊车梁顶或基础顶面标高处,沿砌体墙水平方向设置的连续封闭的梁。

2) 分类

按材料可分为钢筋砖圈梁、预制圈梁和钢筋混凝土圈梁。

3) 作用

(1) 增强房屋的整体性和空间刚度(非抗震设防区)。

(2) 防止由于地基不均匀沉降或较大振动荷载等对房屋引起的不利影响。

(3) 设置在基础顶面部位和檐口部位的圈梁对抵抗不均匀沉降作用最有效(地震区)。

2. 构造图例

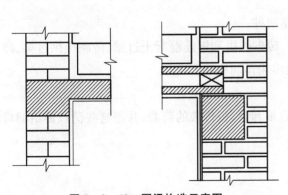

图 2-2-40 圈梁构造示意图

图 2-2-41 建筑实体工法楼圈梁实景图

3. 构造要求

(1) 圈梁宜连续地设在同水平面上,沿纵横墙方向应形成封闭状。当圈梁被门窗洞口截断时,应在洞口上部增设相同截面的附加圈梁。附加圈梁与圈梁的搭接长度不应小于其中垂直间距的二倍,且不得小于 1 m。

(2) 圈梁在纵横墙交接处应有可靠的连接,尤其是在房屋转角及丁字交叉处。

(3) 钢筋混凝土圈梁的宽度宜与墙厚相同。当墙厚 $h \geqslant 240$ mm 时,其宽度不宜小于 $2h/3$。圈梁高度不应小于 120 mm。现浇混凝土强度等级不应低于 C20。

(4) 圈梁兼作过梁时,过梁部分的钢筋应按计算用量另行增配。在圈梁通过门窗洞口等处上部的时候,该部分圈梁是作为过梁使用的,也就是平时所说的圈梁代过梁之处,门窗洞口等处的圈梁按照过梁计算,圈梁和过梁的划分应该按照设计图纸划分,如果设计图纸没有划分,过梁的长度应该按照洞口尺寸每边各加 250 mm 计算。

4. 施工工艺流程

作业准备→钢筋加工绑扎→安装模板→混凝土浇筑、振捣→拆除模板→混凝土养护→质量检查。

§22 过 梁

1. 简介

1) 概述

当墙体上开设门窗洞口且墙体洞口大于 300 mm 时,为了支撑洞口上部砌体所传来的各种荷载,并将这些荷载传给门窗等洞口两边的墙,常在门窗洞口上设置横梁,该梁称为过梁。

2) 分类

(1) 按施工方法可分为有现浇和预制两种。

(2) 按形式有钢筋砖过梁、砌砖平拱、砖砌弧拱和钢筋混凝土过梁、砖砌楔拱过梁、砖砌半圆拱过梁、木过梁等。钢筋混凝土过梁多为预制构件。

3) 作用

过梁的作用是支撑洞口以上的砌体自重和梁、板传来的荷载,并把这些荷载传给洞口两侧的墙体,以免门窗框被压坏或变形。

2. 构造图例

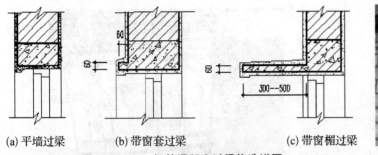

(a) 平墙过梁   (b) 带窗套过梁   (c) 带窗楣过梁

图 2-2-42 钢筋混凝土过梁构造详图

图 2-2-43 建筑实体工法楼
过梁实景图

3. 构造要求

(1) 对有较大震动荷载或可能产生不均匀沉降的房屋,应采用混凝土过梁。当过梁的跨度不大于 1.5 m 时,可采用钢筋砖过梁;不大于 1.2 m 时,可采用砖砌平拱过梁。对有较大振动荷载或可能产生不均匀沉降的房屋,应采用钢筋混凝土过梁。

(2) 过梁每一侧深入墙内长度 250 mm。

4. 施工工艺流程

绑扎钢筋→支模板→浇筑混凝土→拆模板养护。

§23 地 梁

1. 简介

1) 概述

地梁俗称为地圈梁,圈起来有闭合的特征,与构造柱共成抗震限裂体系,减缓不均匀沉降的负作用。

2) 作用及适用范围

(1) 调节可能发生的不均匀沉降,加强基础的整体性。

(2) 用于柱下独立基础和梁板式筏形基础中。

2.构造图例

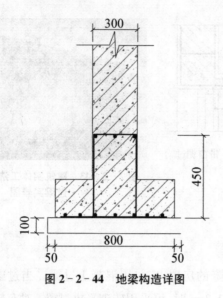

图 2－2－44　地梁构造详图

图 2－2－45　建筑实体工法楼地梁实景图

3.构造要求

（1）地梁的最大弯矩在上部跨中及下部支座处，纵向钢筋的接头尽量避免在内力较大的地方，选择在内力较小的部位，宜采用机械连接和搭接，不应采用现场电弧焊接。

（2）地梁的纵向钢筋应该在支座锚固，筏基地梁因之延性要求，所以纵筋的接头位置、接头百分率的控制，纵向钢筋伸入支座的锚固长度，按抗震构件的构造要求执行。

4.施工工艺流程

修正基坑→浇筑垫层→地梁定位放样→钢筋绑扎→支模板→钢筋隐检、模板预检→浇筑混凝土→拆除模板→混凝土养护。

§24　框架梁

1.简介

1）概述

框架梁（KL）是指两端与框架柱（KZ）相连的梁，或者两端与剪力墙相连但跨高比不小于 5 的梁。

2）分类

（1）按照位置分：屋面框架梁、楼层框架梁、地下框架梁。

（2）按截面形式分：矩形梁、T 形梁、十字形截面梁、异形截面梁等。

3）作用

框架梁与柱刚性连接形成框架结构，可以减轻建筑物的重量，有较好的延性、整体性、抗压和抗弯能力，可加大建筑物的空间和高度。

2．构造图例

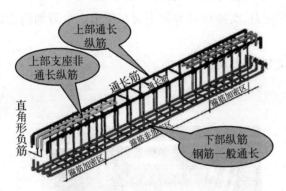

图 2-2-46　框架梁构造示意图

图 2-2-47　建筑实体工法楼框架梁实景图

3．构造要求

（1）框架结构的主梁截面高度可按计算跨度的 1/10～1/18 确定；梁净跨与截面高度之比不宜小于 4。梁的截面宽度不宜小于梁截面高度的 1/4，也不宜小于 200 mm。

（2）当梁高较小或采用扁梁时，除应验算其承载力和受剪截面要求外，尚应满足刚度和裂缝的有关要求。在计算梁的挠度时，可扣除梁的合理起拱值；对现浇梁板结构，宜考虑梁受压翼缘的有利影响。

4．施工工艺流程

测量放线→搭设支模架→安装梁底模→绑扎梁钢筋→安装梁侧模→隐蔽工程验收→浇筑混凝土→拆除梁模板→检查验收。

§25　简支梁

1．简介

1）概述

简支梁指梁的两端搁置在支座上（砖墙、柱或梁上的梁），支座仅约束梁的垂直位移，梁端可自由转动。

2）分类

（1）按截面形式分：矩形、T 形、花篮形、十字形、I 形、倒 T 形和倒 L 形等。

（2）按结构类型分：钢结构、钢筋混凝土结构、木结构简支梁。

3）特点

（1）简支梁在受到从上面来的均布荷载后，其跨中上部受压，下部受拉，而两端的弯矩则为零。

（2）简支梁仅在两端受铰支座约束，主要承受正弯矩，一般为静定结构。

（3）体系温变、混凝土收缩徐变、张拉预应力、支座移动等都不会在梁中产生附加内力，受力简单，简支梁为力学简化模型。

（4）简支梁的支座的铰接可能是固定铰支座、滑动铰支座的。

2.构造图例

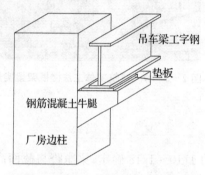

图 2-2-48　简支梁构造示意图

图 2-2-49　建筑实体工法楼简支梁实景图

3.构造要求

（1）简支梁梁截面宽度 b 与截面高度的比值 b/H，对于矩形截面为 $1/2\sim1/2.5$，对于 T 形截面为 $1/2.5\sim1/3$。

（2）当梁的支座为砖墙（柱）时，梁伸入砖墙（柱）的支承长度，当梁高≤500 mm 时，≥180 mm；＞500 mm 时，≥240 mm。当梁支承在钢筋混凝土梁（柱）上时，其支承长度≥180 mm。

4.施工工艺流程

施工准备→支撑平台搭设→测量放线→底层模板搭设→钢筋绑扎→预埋件埋设→模板支立→混凝土浇筑→拆模及养护。

§26　悬挑梁

1.简介

1）概述

悬挑梁是指一端埋在或者浇筑在支撑物上，另一端伸出挑出支撑物的梁。

2) 分类

按材料分为:钢筋混凝土悬挑梁和工字钢悬挑梁。

(1) 在砌体结构房屋中,为了支承挑廊、阳台、雨篷等,常设有埋入砌体墙内的钢筋混凝土悬臂构件,此为挑梁的一种形式。

(2) 现浇钢筋混凝土结构中,从连续梁端支座延伸出来一定长度的梁段或者直接从柱子连接出来,端部是没有支承的梁也属于挑梁,前者称外伸梁,后者称悬臂梁。

3) 特点及适用范围

(1) 一般为钢筋混凝土材质。支撑建筑物上部悬挑的受力。

(2) 节省建筑物下部的使用空间,增加建筑物上部的使用面积。

(3) 适用于悬挑走廊、阳台,临街的商铺等等。

2. 构造图例

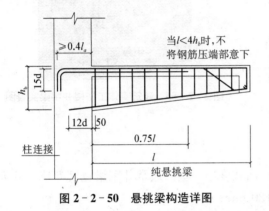

图 2-2-50　悬挑梁构造详图　　　图 2-2-51　建筑实体工法楼悬挑梁实景图

3. 构造要求

截面高度一般取跨度的 1/6~1/8,当悬挑长度大于 1 500 时,需加弯起钢筋。长跨面筋在下,短跨面筋在上。

4. 施工工艺流程

搭设悬挑脚手架→支模板→绑梁钢筋→验筋合格后→浇筑混凝土→振动棒振动密实→混凝土梁面找平→养护即成。

§27　井字梁

1. 简介

1) 概述

井字梁是指由同一平面内相互正交或斜交的梁,不分主次,高度相当,同位相交,呈井字型的梁所组成的结构构件,又称交叉梁或格形梁。

2) 特点及适用范围

(1) 井字梁各向梁协同工作,共同承担和分配楼面荷载,具有良好的空间整体性能。

(2) 比一般梁板结构具有较大跨高比,较适用于受层高限制且要求大跨度的建筑。

(3) 能形成规则的梁格,顶棚较美观。常用的梁格布置形式有:正交正放、正交斜放、斜交斜放等。

(4) 井字梁一般用在楼板是正方形或者长宽比小于 1.5 的矩形楼板,梁间距 3 m 左右。

2. 构造图例

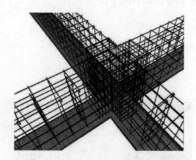

图 2－2－52 井字梁构造示意图   图 2－2－53 建筑实体工法楼井字梁实景图

3. 构造要求

(1) 井字梁截面宽度尺寸可比普通梁截面宽度小一些。通常井字梁宽度 b 取 1/3(h 较小时)和 1/4(h 较大时),但梁宽不宜小于 120 mm。

(2) 井字梁截面高度为跨度的 1/20~1/15,当结构在两个方向的跨度不一样时,取短跨跨度。

(3) 井字梁的挠度 f 一般要求 $f \leqslant 1/250$,要求较高时 $f \leqslant 1/400$。井字梁和边梁的节点宜采用铰接节点。

4. 施工工艺流程

支梁底模板→绑扎钢筋→支梁侧模板→混凝土浇筑→养护→拆模→投入使用。

§28 钢 梁

1. 简介

1) 概述

钢梁是指用钢材制造的梁。

2) 分类

(1) 按弯曲变形状况分(横向荷载):单向弯曲梁、双向弯曲梁。

（2）按支承条件分：简支梁、连续梁、悬臂梁。

（3）按截面构成方式分：型钢梁（工字钢、H型钢、槽钢和冷弯薄壁型钢）、焊接组合梁（由钢板或钢板与型钢连接而成）、组合梁（用钢筋砼和型钢构成）。

3）特点及适用范围

（1）钢梁构造简单，制造省工，成本低，截面尺寸受型钢的规格限制。

（2）厂房中的吊车梁和工作平台梁、多层建筑中的楼面梁、屋顶结构中的檩条等，都可以采用钢梁。

2. 构造图例

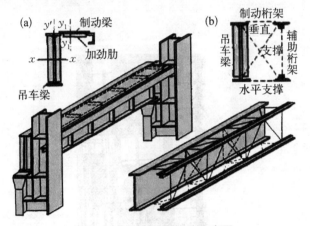

图 2-2-54 钢梁构造示意图　　　　图 2-2-55 建筑实体工法楼钢梁实景图

3. 构造要求

钢梁的腹板宜高一些，薄一些；翼缘宜宽一些，薄一些；翼缘的宽厚比应尽量大；为了提高梁腹板局部稳定，通过设置加劲肋（横向和纵向）措施。钢梁与混凝土柱的节点通过连接钢板连接，通常将钢梁直接与钢板坡口焊。

4. 施工工艺流程

施工准备→测量放线→钢梁安装→测量校正→焊接→检查验收。

§29　劲性柱

1. 简介

1）概述

劲性柱就是型钢外面包混凝土的构件组成的结构，又叫混凝土劲性柱或混凝土钢柱。

2）分类

按照型钢形状分：H 型钢劲性混凝土、十字钢柱混凝土、圆钢柱混凝土。柱内型钢均为工字形。

3）特点及适用范围

（1）具有良好的塑性和抗震性能、刚度大、强度高、防火隔热。

（2）经济效果显著：和钢柱相比可节约钢材；和钢筋混凝土柱相比可节约混凝土。

（3）施工简单，可大大缩短工期：和钢柱相比，零件少，焊缝短，且柱脚构造简单；和钢筋混凝土柱相比，免除了支模、绑扎钢筋和拆模等工作。

（4）一般广泛应用于大型结构中。

2．构造图例

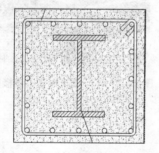

图 2‑2‑56　劲性柱节点示意图

图 2‑2‑57　建筑实体工法楼劲性柱实景图

3．构造要求

劲性柱的合理含钢率为 5%～8%。钢骨的宽厚比应满足规范的要求，钢板的厚度不宜小于 6 mm，一般为翼缘板 20 mm 以上，腹板 16 mm 以上，但不宜过厚，因为厚度较大的钢板在轧制过程中存在各向异性，在焊缝附近常形成约束，焊接时容易引起层状撕裂，焊接质量不易保证。混凝土最小保护层厚度不宜小于 120 mm。

4．施工工艺流程

根据劲性柱与塔吊的位置关系对型钢分节→型钢场外加工，进场验收→吊装第一节型钢→调整型钢位置和垂直度→灌注无收缩砂浆和绑扎劲性柱钢筋→支设劲性柱模板→浇筑劲性柱混凝土→拆模→吊装第二节型钢→固定型钢调整垂直度→焊接型钢和焊缝探伤检测→绑扎劲性柱钢筋→支设劲性柱模板→浇筑劲性柱混凝土→拆模。

§30 劲性梁

1. 简介

1) 概述

劲性梁就是型钢外面包混凝土的构件组成的结构,又叫混凝土劲性梁。

2) 分类

按照型钢形状分:H 型钢劲性混凝土、十字钢柱混凝土、圆钢柱混凝土。柱内型钢均为工字形。

3) 特点及适用范围

(1) 具有良好的塑性和抗震性能、刚度大、强度高、防火隔热。

(2) 经济效果显著:和钢柱相比可节约钢材;和钢筋混凝土柱相比可节约混凝土。

(3) 施工简单,可大大缩短工期:和钢柱相比,零件少,焊缝短,且柱脚构造简单;和钢筋混凝土柱相比,免除了支模、绑扎钢筋和拆模等工作。

(4) 一般广泛应用于大型结构中。

2. 构造图例

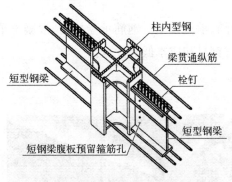

图 2-2-58 劲性梁节点示意图

图 2-2-59 建筑实体工法楼劲性梁实景图

3. 构造要求

劲性柱的合理含钢率为 5%～8%。钢骨的宽厚比应满足规范的要求,钢板的厚度不宜小于 6 mm,一般为翼缘板 20 mm 以上,腹板 16 mm 以上,但不宜过厚,因为厚度较大的钢板在轧制过程中存在各向异性,在焊缝附近常形成约束,焊接时容易引起层状撕裂,焊接质量不易保证。混凝土最小保护层厚度不宜小于 100 mm。

4. 施工工艺流程

钢骨加工→钢骨安装→钢筋绑扎→模板安装→砼浇灌。

§31 现浇钢筋混凝土楼板

1. 简介

1)概述

现浇钢筋混凝土楼板是指在现场依照设计位置,进行支模、绑扎钢筋、浇筑混凝土,经养护、拆模板而制作的楼板。

2)分类

(1)板式楼板:分为单向板、双向板。单向板:板的长边与短边之比大于2,板内受力钢筋沿短边方向布置;双向板:板的长边与短边之比不大于2,荷载沿双向传递,受力主筋平行于短边并摆在下面。

(2)肋形楼板:楼板内设置梁,梁有主梁和次梁,主梁沿房间布置,次梁与主梁一般垂直相交,板搁置在次梁上,次梁搁置在主梁上,主梁搁置在墙或柱上。

(3)井字楼板:纵梁和横梁同时承担着由板传下来的荷载

(4)无梁楼板:柱网一般布置为正方形或矩形,柱距以6 m左右较为经济。为减少板跨,改善板的受力条件和加强柱对板的支承作用,一般在柱的顶部设柱帽或托板。

3)作用、特点

现浇钢筋混凝土楼板主要起水平方向的分隔、承重作用。钢筋承受拉力,混凝土承受压力。具有坚固、耐久、防火性能好、比钢结构节省钢材和成本低等优点。

2. 构造图例

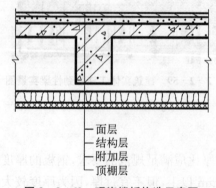

—— 面层
—— 结构层
—— 附加层
—— 顶棚层

图2-2-60 现浇楼板构造示意图

图2-2-61 建筑实体工法楼现浇楼板实景图

3. 构造要求

(1)板式楼板的厚度一般不超过120 mm,经济跨度在3 000 mm之内,适用于小跨度房间,如走廊、厕所和厨房等。

（2）肋形楼板板内荷载通过梁传至墙或者柱子上适用于厂房等大开间房间。

（3）井字楼板一般为 6～10 m，板厚为 70～80 mm 井格边长一般在 2.5 m 之内，常用于跨度为 10 m 左右、长短边之比小于 1.5 的公共建筑的门厅、大厅。

（4）无梁楼板由于其板跨较大，板厚不宜小于 120 mm，一般为 160～200 mm。适宜于活荷载较大的商店、仓库、展览馆等建筑。

4.施工工艺流程

放线→模板安装→水电预埋→钢筋绑扎→浇混凝土→混凝土养护→拆模板→竣工清理。

§32　压型钢板组合楼板

1.简介

1）概述

压型钢板混凝土组合楼板：利用凹凸相间的压型薄钢板做衬板与现浇混凝土浇筑在一起支承在钢梁上构成整体型楼板。

2）组成

主要由楼面层、组合板和钢梁三部分组成。

3）适用范围

适用于大空间建筑和高层建筑，在国际上已普遍采用。

优点：施工周期短，现场作业方便，建筑整体性优于预制装配式楼面。

缺点：因需多道小梁，楼层所占净高较大，且压型钢板板底需做防火处理。

2.构造图例

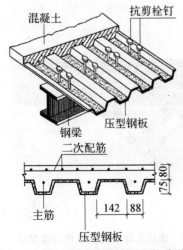

图 2-2-62　压型钢板组合楼板构造详图　　图 2-2-63　建筑实体工法楼压型钢板组合楼板实景图

3. 构造要求

（1）组合楼板用压型钢板基板的净厚度不应小于 0.75 mm；作为永久模板使用的压型钢板基板的净厚度不宜小于 0.5 mm。

（2）型钢板浇筑混凝土面，压型钢板槽口最小浇宽度不应小于 50 mm。当槽内放置栓钉时，压型钢板总高（包括压痕）不宜大于 80 mm。

（3）组合楼板总厚度 h 不应小于 90 mm，压型钢板肋顶部以上混凝土厚度不应小于 50 mm。

4. 施工工艺流程

工字钢梁安装→压型钢板铺设→栓钉焊接→水电预埋→钢筋绑扎→浇筑混凝土。

§33　地坪层

1. 简介

1）概述

地坪层：是指建筑物底层与土层相接触的部分，它承受着建筑物底层的地面荷载。

2）组成

地坪层由面层、结构层、垫层和素土夯实层构成。根据需要还可以设各种附加构造层，如找平层、结合层、防潮层、保温层、管道铺设层等。

3）作用

地坪层主要承受作用在它上面的各种荷载，并将其传给地基。面层起着保护楼板、分布荷载、室内装饰等作用。

2. 构造图例

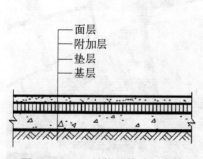

图 2-2-64　地坪层构造示意图

图 2-2-65　建筑实体工法楼地坪层实景图

3．构造要求

（1）面层应坚固耐磨、表面平整、光洁、易清洁、不起尘。面层材料的选择与室内装修的要求有关。

（2）附加层主要应满足某些有特殊使用要求而设置的一些构造层次。

（3）垫层是承受并传递荷载给地基的结构层，垫层有刚性垫层和非刚性垫层之分。刚性垫层常用低标号混凝土，一般采用 C10 混凝土，其厚度为 80～100 mm；非刚性垫层，常用的有：50 mm 厚砂垫层、80～100 mm 厚碎石灌浆、50～70 mm 厚石灰炉渣、70～120 mm 厚三合土（石灰、炉渣、碎石）。

（4）基层即地基，一般为原土层或填土分层夯实。当上部荷载较大时，增设 2：8 灰土 100～150 mm 厚，或碎砖、道砟三合土 100～150 mm 厚。

4．知识拓展

（1）地坪层可分为实铺地层和空铺地层两类、易清洁和不起灰，受力后产生塑性变形，有足够的整体刚度，刚性垫层如混凝土，且表面平整、实铺地层。

（2）素土夯实层是地坪的基层，也称地基。素土即为不含杂质的砂质黏土，经夯实后，才能承受垫层传下来的地面荷载。

§34 勒 脚

1．简介

1）概述

勒脚是建筑物外墙的墙脚，即外墙墙身下部靠近室外地面的部分。

2）分类

（1）抹水泥砂浆、刷涂料勒脚；（2）面砖勒脚等防水耐久的材料；（3）贴石材勒脚。

3）作用

加固墙身，防止外界机械碰撞而使墙身受损；保护墙脚，避免受雨雪侵蚀或受冻而破坏；对建筑立面起到装饰作用。

2. 构造图例

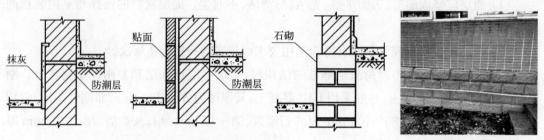

图 2-2-66　勒脚构造示意图

图 2-2-67　建筑实体
工法楼勒脚实景图

3. 构造要求

勒脚的高度不低于 700 mm。勒脚部位外抹水泥砂浆或外贴石材等防水耐久的材料,应与散水、墙身水平防潮层形成闭合的防潮系统。

(1) 抹灰。在勒脚的外表面做水泥砂浆或其他有效的抹面处理。

(2) 贴面。外贴天然是石材或人工石材贴面,如花岗岩、水磨石板等。贴面勒脚耐久性强,装饰效果好,多用于标准较高的建筑。

(3) 天然石材砌筑。采用石块或石条等坚固材料进行砌筑。高度可砌至室内地坪或按设计。

4. 注意事项

根据《建筑工程建筑面积计算规范》(GB/T 50353—2005)规定:单层建筑物的建筑面积,应按其外墙勒脚以上结构外围水平投影面积计算。

§35　散　　水

1. 简介

1) 概述

沿建筑物外墙四周地面做成 3%～5% 的倾斜坡面,即为散水。散水又称排水坡或护坡。

2) 分类

可分为砖砌散水、块石散水、混凝土散水。

3) 作用

散水的作用是将建筑物四周的地表积水及时排走,避免雨水冲刷或渗透到地基,防止基础下沉,保护外墙基础和地下室的结构免受水的不利影响。

2. 构造图例

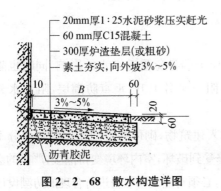

— 20mm厚1:25水泥砂浆压实赶光
— 60 mm厚C15混凝土
— 300厚炉渣垫层(或粗砂)
— 素土夯实,向外坡3%~5%

10   B   60
3%~5%   20
60
沥青胶泥

图 2-2-68 散水构造详图

图 2-2-69 建筑实体工法楼散水实景图

3. 构造要求

散水可用水泥砂浆、混凝土、砖、块石等材料做面层,其宽度一般为 600~1 000 mm,当屋面为自由落水时,其宽度应比屋檐挑出宽度大 150~200 mm。散水的坡度一般为 5%,外缘应高出地坪 20~50 mm。

混凝土散水应在外墙饰面工程完成后再施工。由于建筑物的沉降,在勒脚与散水交接处应留有缝隙,缝内填粗砂或米石子,上嵌沥青胶盖缝,以防渗水。或在缝隙中打封闭胶或灌沥青砂,缝宽一致,胶面平整、光滑,断缝宽度 20 mm。散水拐角处亦设置断缝,注封闭胶或沥青砂。

散水、台阶必须做到内高外低,按规范要求找坡确保不积水。为保证散水外观质量,散水下的回填土密实度要达到规范要求,散水外观线条要顺直,楞角整齐,分色清晰,填缝深浅一致。

散水整体面层纵向距离每隔 6~12 m 做一道伸缩缝,缝内应填充热沥青。

4. 知识拓展

散水适用于降雨量较小的北方地区。对于季节性冰冻地区的散水,还需在垫层下加设防冻胀层。与散水不同,明沟适合于降雨量较大的南方地区。

明沟是设置在外墙四周的排水沟,将水有组织地导向集水井,然后流入排水系统。明沟一般用素混凝土现浇,或用砖石铺砌成 180 mm 宽,150 mm 深的沟槽,然后用水泥砂浆抹面。沟底应有不小于 1% 的坡度,以保证排水通畅。

§36 防潮层

1. 简介

1) 概述

通常在勒脚部位设置连续的隔水层,称为墙身防潮层,简称防潮层。

2) 分类

（1）按材料分为卷材防潮层、防水砂浆防潮层、细石混凝土防潮层。

（2）按所处的位置分为水平防潮层、垂直防潮层。

3）作用及设置原理

作用是用防水材料阻挡水分的上升，保护地面以上墙身免受毛细水的影响，同时也阻止潮气影响室内环境。墙身防潮层包括水平防潮层，阻止水分上升；垂直防潮层，阻止水分通过侧墙侵害墙体。

地下水位以上透水土层中的毛细水沿着墙身进入建筑物，砌体的毛细作用导致水分不断上升，最高可达二楼。墙身受潮，因而墙体结构和装修受到破坏，室内环境变得潮湿，严重的会影响人们的健康。因此，为了保证建筑环境的舒适、卫生，必须对建筑物墙身进行合理的防潮设计。

2. 构造图例

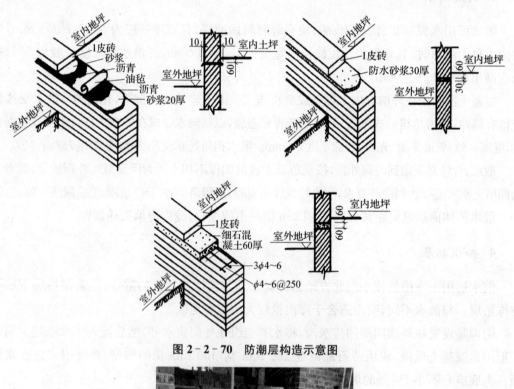

图 2-2-70　防潮层构造示意图

图 2-2-71　建筑实体工法楼防潮层实景图

3. 构造要求

建筑防潮材料大致上有柔性材料和刚性材料两大类:柔性材料主要有沥青涂料、油毡卷材以及各新型聚合物防水卷材等;刚性材料主要有防水砂浆、配筋密实混凝土等。

卷材防潮层:在防潮层部位先抹 20 mm 厚的水泥砂浆找平层,然后干铺卷材一层或用沥青粘贴一毡二油,如采用油毡,油毡防潮层具有一定的韧性、延伸性和良好的防潮性能,但日久易老化失效,同时由于油毡使墙体隔离,削弱了砖墙的整体性和抗震能力。

防水砂浆防潮层:在防潮层位置抹一层 20 mm 或 30 mm 厚 1:2 水泥砂浆掺 5% 的防水剂配制成的防水砂浆;也可以用防水砂浆砌筑 4~6 皮砖。用防水砂浆作防潮层适用于抗震地区、独立砖柱和振动较大的砖砌体中,但砂浆开裂或不饱满时影响防潮效果。

细石混凝土防潮层:在防潮层位置铺设 60 mm 厚 C15 或 C20 细石混凝土,内配 $3\phi6$ 或 $3\phi8$ 钢筋以抗裂。由于混凝土密实性好,有一定的防水性能,并与砌体结合紧密,故适用于整体刚度要求较高的建筑中。

4. 知识拓展

(1) 防潮层设置部位

墙身水平防潮层是对建筑物所有的内、外结构墙体在墙身一定高度的位置设置的水平方向的防潮层。墙身水平防潮层的位置要考虑其与地坪防潮层相连,按室内地面材料性质确定。

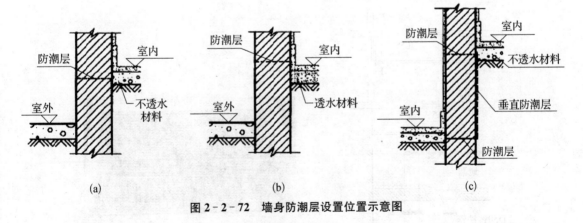

图 2-2-72 墙身防潮层设置位置示意图

当地坪采用混凝土等不透水地面和垫层时,墙身防潮层应设置在底层室内地面的混凝土层上下表面之间,即其上表面应设置在室内地坪以下 60 mm 处(即一皮砖厚处),同时还应至少高于室外地坪 150 mm,防止雨水溅湿墙身。当地坪采用透水材料时(如碎石、炉渣等),水平防潮层的位置应平齐或高于室内地面 60 mm,即在 0.060 m 处。当两相邻房间之间室内地面有高差时,应在墙身内设置高低两道水平防潮层,并在靠土壤一侧设置垂直防潮层,以避免回填土中的潮气侵入墙身,如上图所示。垂直防潮层的做法是在需设垂直防潮层的墙面(靠回填土一侧)先用水泥砂浆抹面,刷上冷底子油一道,再刷热沥青两道;也可以采用掺有防水剂的砂浆抹面的做法。

§37 阳 台

1. 简介

1)概述

阳台泛指有永久性上盖、有围护结构、有台面、与房屋相连、可以活动和利用的房屋附属设施,供居住者进行室外活动、晾晒衣物等的空间。

2)分类

(1)按结构分类:有悬挑式、嵌入式、转角式三类。

(2)按封闭情况划分:非封闭阳台和封闭阳台。

(3)按传统功能划分:生活阳台、服务阳台。

(4)按建筑立面划分:凸阳台、凹阳台。

3)作用

联系室内外空间、改善居住条件。

2. 构造图例

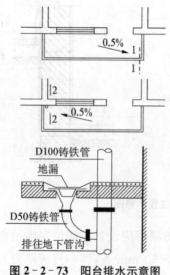

图 2-2-73 阳台排水示意图

图 2-2-74 建筑实体工法楼阳台实景图

3. 构造要求

(1)栏杆的高度:多层住宅高度>1.0 m 高层>1.1 m;

（2）阳台排水：阳台地面标高低于室内地面 30～50 mm，阳台地面设排水坡，阳台板外缘设挡水坎，排水孔处设泻水管，外挑＞80 mm。

（3）悬挑式悬挑长度：挑板式＜1.2 m，挑梁式 $l=1/2～1/3L$。

4. 施工工艺流程

脚手架搭建→模板制作安装→钢筋安制→混凝土浇筑→养护、拆模。

§38 雨 篷

1. 简介

1）概述

雨篷设置在建筑物进出口上部的遮雨、遮阳篷。是设在建筑物入口处和顶层阳台上部用以遮挡雨水和保护外门免受雨水浸蚀的水平构件。

2）分类

（1）按材质分为：钢筋混凝土雨篷；玻璃钢结构雨篷；全钢结构雨篷；PC 板材（阳光板、耐力板）雨篷；新型膜材结构雨篷；铝合金雨篷等。

（2）按形式分为：小型雨棚，如：悬挑式雨篷、悬挂式雨篷；大型雨篷，如：墙或柱支承式雨篷；定型雨篷，如：新型建筑材料，专利设计，工厂化规模生产。

3）作用

用以遮挡雨水、阳光及保护外门免受雨水浸蚀。

2. 构造图例

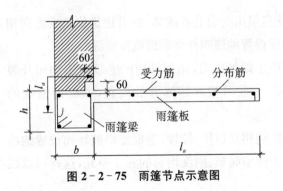

图 2-2-75 雨篷节点示意图

图 2-2-76 建筑实体工法楼雨篷实景图

3. 构造要求

（1）悬挑要求：雨篷板的截面高度，即雨篷板的厚度，可取挑出长度的 1/12～1/10，且 ≥80 mm，若采用变厚度板，则板的悬臂端厚度应不小于 50 mm。

（2）防水排水处理：可采用无组织排水，在板底周边设滴水，雨篷顶面抹 15 mm 厚 1∶2 水泥砂浆内掺 5%防水剂。

（3）侧梁构造：对于挑出长度较大的雨篷，为了立面处理的需要，通常将周边梁向上翻起成侧梁式，可在雨篷外沿用砖或钢筋混凝土板制成一定高度的卷檐，雨篷顶部及四侧常做防水砂浆抹面形成泛水。

4. 施工工艺流程

（1）钢筋混凝土整体预制雨篷：坐浆→吊装→调整→焊接→浇筑混凝土。

（2）钢筋混凝土叠合预制雨篷：支撑→吊装→调整→焊接→浇筑混凝土。

（3）玻璃雨篷：加工准备及下料 →测量放线→预埋件安装处理→悬挂臂安装焊接→校准检验→连接受力拉索→不锈钢玻璃爪安装焊接→防锈喷漆处理→夹胶玻璃加工制作安装→调整检验→玻璃清洗→竣工验收。

§39 变形缝

1. 简介

1）概述

建筑物在外界因素作用下常会产生变形，导致开裂甚至破坏。针对这种情况在建筑物各个相对独立部分之间人为预留的构造缝称为变形缝。

2）分类

变形缝按其功能不同分为：伸缩缝、沉降缝和防震缝三种类型。

3）作用

为防止建筑构件因温度变化，热胀冷缩使房屋出现裂缝或破坏，在沿建筑物长度方向相隔一定距离预留垂直缝隙。这种因温度变化而设置的缝叫作伸缩缝或温度缝。

为避免由于地基的不均匀沉降，结构内产生附加应力，使建筑物产生竖向错动而开裂设置变形缝，沉降缝应从基础开始全部断开，一般可与伸缩缝合并设置，兼起伸缩缝的作用。

在地震烈度 7~9 度的地区，为防止地震影响相互挤压、拉伸，造成变形破坏而设置的缝称为防震缝。防震缝将体型复杂的房屋划分为体型简单、刚度均匀的独立单元，这样可以减少地震作用对建筑的破坏。

2. 构造图例

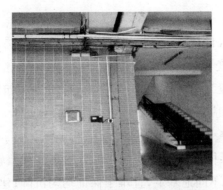

图 2 - 2 - 77　建筑实体工法楼变形缝实景图

3. 构造要求

（1）伸缩缝的构造

墙体伸缩缝的形式根据墙体厚度不同处理方式可有所不同,可分为平缝、错缝、企口缝。墙体在伸缩缝处断开,为了避免风、雨对室内的影响和缝隙过多传热,伸缩缝应砌成错口缝或企缝。其构造可以因位置不同、缝宽不同而各有侧重,外墙伸缩缝为保证自由变形,并防止风雨影响室内,应用沥青麻丝填嵌缝隙,当伸缩缝宽度较大时,缝口可采用镀锌铁皮或铝板盖缝调节;内墙伸缩缝着重表面处理,可采用木条或金属盖缝,仅一边固定在墙上,允许自由移动。

楼地层伸缩缝位置与墙体伸缩缝一致。缝内也常以具有弹性的油膏、沥青麻丝、金属或塑料调节片等材料作填或盖缝处理,上铺与地面材料相同的活动盖板、铁板或橡胶条等以防灰尘下落。

（2）沉降缝的构造

沉降缝与伸缩缝的作用不同,因此在构造上有所不同。沉降缝应从房屋的基础到屋顶全部构件断开,使两侧各为独立的单元,调节片或盖板缝在构造上要能保证两侧结构在竖向的相对变位不受约束。

基础沉降缝构造通常采取双基础或挑梁基础两种方案。

墙体沉降缝应满足建筑构件在垂直方向自由沉降,通常采用的金属调节片形式有很多种类。

（3）防震缝的构造

防震缝防止地震作用对建筑物的影响,虽然与伸缩缝、沉降缝作用不一样,但构造类似,只是缝宽较宽,通常采取覆盖做法。

4.知识拓展

(1) 伸缩缝的设置

① 伸缩缝的设置位置:自基础以上将建筑物的墙体、楼板层、屋顶等地面以上部分全部断开。基础部分因受温度变化影响较小,不需断开。

② 伸缩缝的宽度:一般为 20~30 mm,其位置和间距与建筑物的结构类型、材料和施工条件等因素有关,设计时应根据相关规范的规定设置。

(2) 沉降缝的设置

① 沉降缝的设置原则:同一建筑物两相邻部分的高度相差较大、荷载相差悬殊或结构形式不同时;建筑物建造在不同地基上,且难于保证均匀沉降;建筑物相邻两部分的基础形式不同、宽度和埋深相差悬殊时;建筑物体形比较复杂、连接部位又较薄弱时;新建建筑物与原有建筑物相毗连。当出现了以上任何一种情况时,就需要设置沉降缝。

② 沉降缝的宽度:沉降缝的宽度与地基情况及建筑高度有关,一般为 30~70 mm,地基越弱的建筑物,沉陷的可能性越高,沉陷后所产生的倾斜距离越大,因此在软弱地基上的建筑其缝宽应适当增加。

(3) 防震缝的设置

① 防震缝的设置原则:砌体建筑,应优先采用横墙承重或是纵横墙混合承重的结构体系。在设防烈度为八度和九度地区,有下列情况之一时,建筑宜设防震缝:建筑立面高差在 6 m 以上;建筑有错层且错层楼板高差较;建筑各相邻部分结构刚度、质量截然不同。

② 防震缝的宽度:防震缝宽度一般采用 50~100 mm,缝两侧均需设置墙体。框架结构房屋的防震缝宽度,当高度不超过 15 m 时可采用 100 mm;超过 15 m 时,抗震设防烈度分别为 6 度、7 度、8 度、9 度时相应每增加高度 5 m、4 m、3 m 和 2 m,宜加宽 20 mm。

实际工程中往往可以做到"三缝合一",宽度一般按抗震缝取。

§40　门

1.简介

1) 概述

门设置在建筑物的出入口或安装在出入口能开关的装置,是分割有限空间的一种实体,可以连接和阻断两个或多个空间的出入口。

2) 分类

(1) 按材质分为:木门、钢门、铝合金门、塑料门、铁门、铝木门、不锈钢门、玻璃门等。

(2) 按开户方式分:平开门、弹簧门、推拉门、折叠门、转门、卷帘门等。

3) 作用

主要是交通联系,并兼有采光、通风及一定的保温、隔声、防雨、防风砂等能力。

2. 构造图例

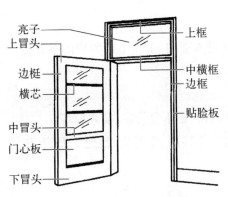

图 2-2-78 门节点示意图　　　　图 2-2-79 建筑实体工法楼门实景图

3. 构造要求

(1) 规范要求:门的尺度通常是指门洞的高宽尺寸。门的尺度取决于人的通行要求,家具器械的搬运及与建筑物的比例关系等,并要符合现行《建筑模数协调统一标准》的规定。

(2) 尺度要求:

门的高度:不宜小于 2 100 mm。如门设有亮子时,亮子高度一般为 300~600 mm,则门洞高度为 2 400~3 000 mm。公共建筑大门高度可视需要适当提高。

门的宽度:单扇门为 700~1 000 mm,双扇门为 1 200~1 800 mm。宽度在 2 100 mm以上时,则做成三扇、四扇或双扇带固定扇的门。辅助房间(如浴厕、贮藏室等)门的宽度可窄些,一般为 700~800 mm。

4. 施工工艺流程

测量、放线→安装门框→校正→固定门框→土建抹灰收口→安装门扇→填充发泡剂→塞海绵棒→门外周圈打胶→安装门五金件→清理、清洗门→检查验收。

5. 知识拓展

门一般由门框、门扇、五金零件及附件组成。

(1) 门框是门与墙体的连接部分,由上框、边框、中横框和中竖框组成。

(2) 门扇一般由上、中、下冒头和边梃组成骨架,中间固定门芯板。

(3) 五金零件包括铰链、插销、门锁、拉手等。附件有贴脸板、筒子板等。

§41 窗

1. 简介

1) 概述

窗指在墙或屋顶上建造的洞口,用以使光线或空气进入室内,事实上窗和户的本意分别指窗和门,在现代汉语中窗户则单指窗。

2) 分类

(1) 按材质分:木窗、钢窗、塑钢窗、铝合金窗、不锈钢窗、铝木复合窗、实木窗等。

(2) 按开启方式分:固定窗、上悬窗、中悬窗、下悬窗、立转窗、平开窗、滑轮平开窗、滑轮窗、平开下悬窗、推拉窗、推拉平开窗等。

3) 作用

采光和通风,同时有眺望观景、分隔室内外空间和围护作用。兼有美观作用。

2. 构造图例

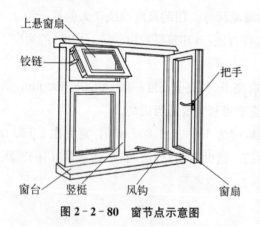

图 2-2-80　窗节点示意图

图 2-2-81　建筑实体工法楼窗实景图

3. 构造要求

(1) 规范要求:窗的尺度主要取决于房间的采光、通风、构造做法和建筑造型等要求,并符合现行《建筑模数协调统一标准》GBJ2 的规定。

(2) 尺度要求:各类窗的高度与宽度尺寸同行采用扩大模数 3M 数列作为洞口的标志尺寸,需要时只要按所需类型及尺度大小直接选用。

4. 施工工艺流程

测量、放线→确认安装基准→安装窗框→校正→固定窗框→土建抹灰收口→安装窗扇→填充发泡剂→塞海绵棒→窗外周圈打胶→安装窗五金件→清理、清洗窗→检查验收。

5. 知识拓展

窗主要由窗框和窗扇组成；窗扇有玻璃窗扇、纱窗扇、板窗扇百叶窗扇等。还有各种铰链、风钩、插销、拉手以及导轨、转轴、滑轮等五金零件，有时要加设窗台、贴脸、窗帘盒等。

§42 板式楼梯

1. 简介

1) 概述

板式楼梯是指由梯段板承受该梯段的全部荷载，并将荷载传递至两端的平台梁上的现浇式钢筋混凝土楼梯。其受力简单、施工方便，可用于单跑楼梯、双跑楼梯。

2) 分类

板式楼梯由梯段斜板、休息平台、平台梁组成。

3) 作用

楼梯是多层建筑和高层建筑的竖向通道，要求满足交通运行、疏散、防火等要求。

2. 构造图例

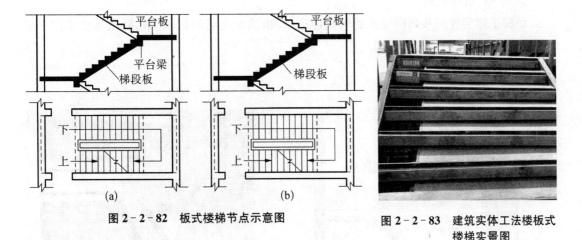

图 2-2-82 板式楼梯节点示意图

图 2-2-83 建筑实体工法楼板式楼梯实景图

3. 构造要求

（1）踏步：踏步数一般不应超过18级，也不应少于3级。踏步的高度，成人以150 mm左右较适宜，不应高于175 mm。踏步的宽度（水平投影宽度）以300 mm左右为宜，不应窄于260 mm。

（2）楼梯井：以60～200 mm为宜。

(3) 梯段宽度:一般由通行人流来决定,以保证通行顺畅为原则。一般单股人流通行时,梯段宽度应不小于 900 mm,双股人流通行时为 1 100~1 400 mm,三股人流通行时为 1 650~2 100 mm。

(4) 平台宽度:平台宽度应大于或等于梯段宽度。

(5) 楼梯的净空高度:楼梯段部位的净高不应小于 2.2 m;平台部位的净高不应小于 2.0 m。

4. 知识拓展

板式楼梯传力路线:楼梯板—平台梁—墙或柱。

§43 梁式楼梯

1. 简介

1) 概述

梁式楼梯是带有斜梁的钢筋混凝土楼梯。梁式楼梯是指梯段踏步板直接搁置在斜梁上,斜梁搁置在梯段两端的楼梯梁上的楼梯类型。

2) 分类、组成

根据斜梁的结构布置分为单梁式、双梁式和梁悬臂式。

梁式楼梯一般由梯段斜板、斜梁、平台梁及平台板组成。

3) 作用、适用范围

楼梯是多层建筑和高层建筑的竖向通道,要求满足交通运行、疏散、防火等要求。一般楼层高、荷载较大的情况下适用。

2. 构造图例

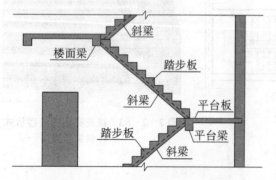

图 2-2-84 梁式楼梯节点示意图

图 2-2-85 建筑实体工法楼梁式楼梯实景图

3. 构造要求

(1) 踏步、楼梯井、梯段宽度、平台宽度、楼梯的净空高度的构造尺度要求与板式楼梯一致。

（2）楼梯的坡度：梯段各级踏步前缘各点的连线称为坡度线。坡度线与水平面的夹角即为楼梯的坡度。室内楼梯的坡度一般为20°～45°为宜，最好的坡度为30°左右。

4.知识拓展

梁式楼梯传力路线：踏步板—斜梁—平台梁—墙或柱。

§44　栏杆扶手

1.简介

1）概述

栏杆是指设在梯段及平台边缘的安全保护构件。

扶手是栏杆或栏板上沿（顶面）供人手扶的构件，作行走时依扶之用。

2）分类

栏杆的分类有：木制栏杆、石栏杆、不锈钢栏杆、铝合金栏杆、水泥混凝土栏杆、玻璃栏杆、铸造石栏杆、组合式栏杆等；

扶手的分类有：实木扶手、不锈钢扶手、水泥混凝土扶手、夹玻璃扶手、高分子扶手等。

3）作用

是建筑物中起到围护作用的一种构件，供人在正常使用建筑物时防止坠落的防护措施，连续设置，一般用在楼梯、阳台或屋面女墙等部位，高度一般在1米左右。

2.构造图例

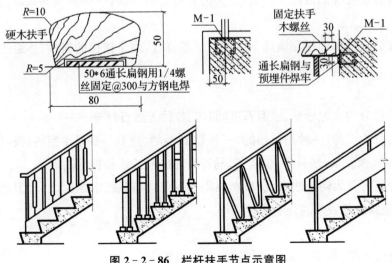

图 2-2-86　栏杆扶手节点示意图

图 2-2-87　建筑实体
工法楼栏杆扶手实景图

3. 构造要求

（1）规范要求：栏杆应以坚固、耐久的材料制作，并能承受荷载规范规定的水平荷载；临空高度在 24 m 以下时，栏杆高度不应低于 1.05 m，临空高度在 24 m 及 24 m 以上（包括中高层住宅）时，栏杆高度不应低于 1.10 m；住宅、托儿所、幼儿园、中小学及少年儿童专用活动场所的栏杆必须采用防止少年儿童攀登的构造，当采用垂直杆件做栏杆时，其杆件净距不应大于 0.11 m，其他允许少年儿童进入活动的场所，其杆件净距也不应大于 0.11 m。

（2）其他要求：扶手形式可随意设计，但宽度以能手握舒适为原则，一般为 40～60 mm，顶面宽度一般不宜大于 90 mm，扶手高度不应小于 0.90 m，并需沿梯段及楼梯平台的全长连续设置。

4. 施工工艺流程

安装预埋件→放线→安装立柱→扶手与立柱连接→打磨抛光。

§45　楼梯其他细部构造

1. 简介

1）概述

（1）踏面、踢面：楼梯踏步中竖直面称为踢面，水平面称为踏面。

（2）防滑条一般常设置在楼梯的近踏步口处，是为防止行走时滑跌，在踏步表面采取的一种防滑措施。

（3）楼梯踢脚线是安装在楼梯踏板靠墙处下方的一种踢脚线，就是楼梯的斜板、休息平台上的踢脚线。

2）分类

（1）踏步面层按材料可分为水泥砂浆、水磨石、地面砖、各种天然石材等。

（2）防滑条按类型可分为三种，一种是包角的，一种是 L 型的，还有一种是 I 型的；按材料可分为金刚砂、水泥铁屑、橡胶条、塑料条、金属条、马赛克、缸砖、铸铁和折角铁等。

（3）踢脚线按材料分类可分为陶瓷踢脚线、玻璃踢脚线、石材踢脚线、木踢脚线、水泥踢脚线、PVC 踢脚线、铝合金踢脚线、PS 高分子踢脚线等。

3）作用

（1）防滑条可以避免行人滑倒，而且起到保护踏步阳角的作用；

（2）踢脚线一是保护墙面，以防搬运东西、行走或做清洁卫生时将墙面弄脏，二是装饰作用，在居室设计中，腰线、踢脚线（踢脚板）起着视觉的平衡作用。

2. 构造图例

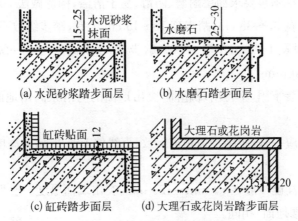

(a) 水泥砂浆踏步面层　　(b) 水磨石踏步面层

(c) 缸砖踏步面层　　(d) 大理石或花岗岩踏步面层

图 2-2-88　踏步面层构造

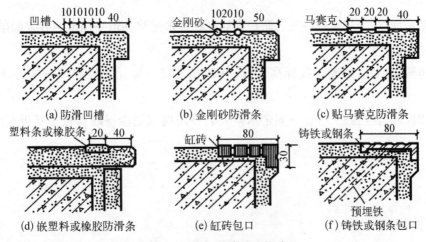

(a) 防滑凹槽　　(b) 金刚砂防滑条　　(c) 贴马赛克防滑条

(d) 嵌塑料或橡胶防滑条　　(e) 缸砖包口　　(f) 铸铁或钢条包口

图 2-2-89　踏步防滑构造

图 2-2-90　建筑实体工法楼踏步面层、防滑条实景图

3. 构造要求

(1) 踏步面层楼梯踏步要求面层耐磨、防滑、易于清洁,构造做法一般与地面相同。

(2) 踏步以踏面宽 30～38 cm,踏步高 10～15 cm 为宜,踏步级数不宜连续过多,每隔十余级(12～20 级)宜设宽 1～3 m 的平台供人歇步,踏步的高度与上一级踏步和下一级踏步的高度差不应大于 10 mm。

(3) 防滑条应安装牢固,不得出现翘曲,突出地面的防滑条高出地面高度宜 2～3 mm,且高度一致。

(4) 防滑条安装应平直,距踏步边距离一致,直线偏差≤2 mm,高度偏差≤1.5 mm,且每个踏步应一致。

(5) 楼梯踢脚线高度一般在 80 mm～120 mm,突出墙面厚度一般为 5 mm～12 mm,选材一般与楼梯踏面(楼地面)相同。

4. 施工工艺流程

(1) 踏步面层:基层清理→放置防护钢筋→刷素水泥浆一道→抹水泥砂浆面层(贴地面砖或天然石材)→养护。

(2) 防滑条:基层处理→找标高、弹线→铺找平层→弹铺砖控制线→铺砖→勾缝、擦缝→养护。

(3) 楼梯踢脚线:施工准备→固定木楔安装→防腐剂刷涂→踢脚板木基板安装→踢脚板安装。

三、屋顶部分

§46 平屋顶

1. 简介

1) 概述

平屋顶通常指坡度小于 5% 的屋顶。为排除屋顶的雨水,平屋顶必须有一定的坡度,最常用的排水坡度是 2%~3%。

2) 分类

平屋顶按形式可分为挑檐平屋顶、女儿墙平屋顶、女儿墙带挑檐平屋顶、盝顶等形式。

平屋顶按选取防水材料的不同分为柔性防水屋面和刚性防水屋面。

(1) 柔性防水屋面是用防水卷材与胶黏剂结合在一起,形成连续致密的构造层,其基本构造层次包括结构层、找平层、结合层、防水层、保护层。

(2) 刚性防水屋面是指利用刚性防水材料作防水层的屋面,主要有普通细石混凝土防水屋面、预应力混凝土防水屋面、补偿收缩混凝土防水屋面及块材刚性防水屋面等。

3) 作用及特点

屋顶的作用体现在:功能上,能抵御风、霜、雨、雪的侵袭及有良好的保温隔热性能。结构上,满足强度和刚度要求。艺术方面,应注重屋顶形式及其细部的设计,以满足人们对建筑艺术方面的需求。

平屋顶具有适应性强、迎风面小、经济适用、简朴大方等特点。

2. 构造图例

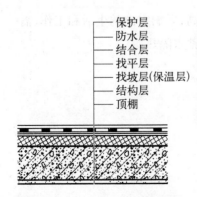

图 2-2-91 平屋顶构造示意图

图 2-2-92 建筑实体工法楼平屋顶实景图

3. 构造组成

屋顶主要由屋面层、承重结构层、保温(隔热)层和顶棚层四部分组成。

屋面层。面层材料应具有防水和耐侵蚀的性能,并要有一定的强度。

承重结构层。主要用于承受屋面上所有荷载及屋面自重等,并将这些荷载传递给墙或柱。

保温(隔热)层。我国北方地区,冬季室内需要采暖,为使室内热量不致散失过快,屋面需设保温层。而南方地区,夏季室外屋面温度高,会影响室内正常的工作和生活,因而屋面要进行隔热处理。

顶棚层。是指房间的顶面。当承重结构采用梁板结构时,可在梁、板底面抹灰,形成抹灰顶棚。当装修要求较高时,可做吊顶处理。

4. 知识拓展

(1) 卷材防水屋面构造层次示例(由下到上)

钢筋混凝土屋面板→30 厚 LC5.0 轻集料混凝土 2‰ 找坡层→20 厚 1∶3 水泥砂浆找平层→卷材防水层→10 厚低标号砂浆隔离层→40 厚 C20 细石混凝土保护层。

(2) 刚性防水屋面构造层次示例(由下到上)

钢筋混凝土屋面板→30 厚 LC5.0 轻集料混凝土 2‰ 找坡层→聚苯板保温层→20 厚 1∶3 水泥砂浆找平层→10 厚低标号砂浆隔离层→40 厚 C20 刚性防水混凝土面层。

(3) 平屋顶的排水

平屋顶的排水分为无组织排水和有组织排水。无组织排水是指屋面雨水直接从檐口滴落至地面的一种排水方式,因为不用天沟、雨水管等导流雨水,故又称自由落水。主要适用于少雨地区或一般低层建筑,相邻屋面高差小于 4 m;不宜用于临街建筑和较高建筑。有组织排水是指雨水经过天沟、雨水管等排水装置被引导至地面或地下管沟的一种排水方式,在建筑工程中应用广泛。

(4) 平屋顶的隔热

为防止夏季南方炎热地区太阳的辐射使屋顶温度剧烈升高,影响室内的生活和工作,需要设置隔热层。具体做法有:通风隔热、反射隔热、植被隔热、蓄水隔热。

§47 坡屋顶

1. 简介

1) 概述

坡屋顶是指坡度在 10‰ 以上的屋顶。坡屋面的屋面防水常采用构件自防水方式,屋面构造层次主要由屋顶天棚、承重结构层及屋面面层组成。

2) 分类

坡屋顶的结构承重方式有檩式与板式结构,其中檩式又分硬山搁檩、屋架承重、梁架承重三种方式。

坡屋顶屋面分为平瓦屋面、波形瓦屋面、小青瓦屋面。

平瓦屋面根据基层的不同有三种常见做法:冷滩瓦屋面、木望板瓦屋面、钢筋混凝土板瓦屋面。

波形瓦屋面常用水泥石棉波形瓦等,分为:大波瓦,中波瓦,小波瓦。

小青瓦屋面在我国传统房屋中采用较多,目前有些地方仍然采用。

3) 特点

坡屋顶的特点:造型优美;不积水,防水性能好;可提高空间利用率(再做一层);节能。缺点是屋顶自重较大、造价高;屋顶面无法利用;不便维修。

坡屋顶的防水:传统坡屋面主要采用构造防水,即靠屋面瓦片的构造形式及挂瓦的构造工艺来实现防水;现代建筑的坡屋面通过材料防水和构造方式相结合或多种工艺并进。

2. 构造图例

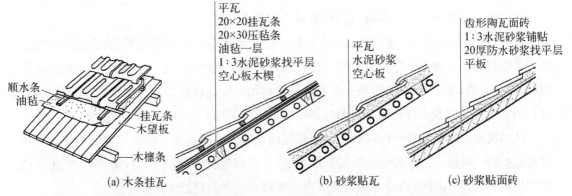

图 2-2-93　木结构坡屋顶构造、钢筋混凝土结构坡屋顶构造示意图

图 2-2-94　建筑实体工法楼坡屋顶实景图

3. 构造组成

（1）木结构坡屋面

冷滩瓦屋面：檩条→顺水条→挂瓦条→瓦。

木望板瓦屋面：檩条→木望板→油毡→顺水条→挂瓦条→瓦。

（2）钢筋混凝土结构坡屋面

木条挂瓦：钢筋混凝土板→水泥砂浆找平层→油毡→顺水条→挂瓦条→平瓦。

砂浆贴瓦：钢筋混凝土板→水泥砂浆→平瓦。

砂浆贴面砖：钢筋混凝土板→水泥砂浆找平层→1∶3水泥砂浆铺贴→平瓦。

4. 知识拓展

（1）屋顶坡度的表示方法

屋顶坡度的常用表示方法有斜率法、百分比法和角度法三种。斜率法是以屋顶高度与坡面的水平投影长度之比表示；百分比法是以屋顶高度与坡面的水平投影长度的百分比表示；角度法是以倾斜屋面与水平面的夹角表示，目前在工程中较少采用。

（2）屋面坡度的形成

屋顶排水坡度的形成主要有材料找坡和结构找坡两种。

材料找坡，又称垫置坡度或填坡，是指将屋面板像楼板一样水平搁置，然后在屋面板上采用轻质材料铺垫而形成屋面坡度的一种做法。材料找坡的优点是可以获得水平的室内顶棚面，空间完整，便于直接利用，缺点是找坡材料增加了屋面自重。如果屋面有保温要求时，可利用屋面保温层兼做找坡层。目前这种做法被广泛采用。

结构找坡，又称搁置坡度或撑坡，是指将屋面板倾斜地搁置在下部的承重结构上而形成屋面坡度的一种做法。这种做法不需另加找坡层，屋面荷载小，施工简便，造价经济，但室内顶棚是倾斜的，常用于室内设有吊顶或室内美观要求不高的建筑工程中。

§48 女儿墙

1. 简介

1）概述

建筑物屋顶四周围的矮墙。

2）作用

上人屋顶的女儿墙的作用是保护人员的安全，并对建筑立面起装饰作用。

不上人屋顶的女儿墙的作用是立面装饰和固定油毡或防水卷材作用。

2. 构造图例

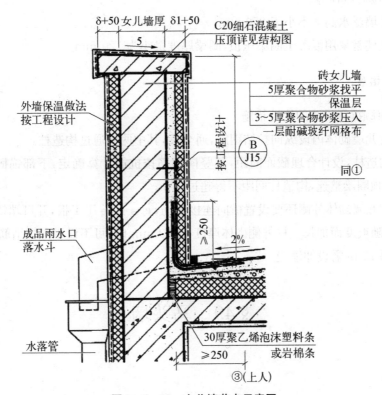

图 2-2-95 女儿墙节点示意图

图 2-2-96 建筑实体工法楼女儿墙实景图

3. 构造要求

(1) 依国家建筑规范定,上人屋面女儿墙高度一般不得低于 1.2 m。不上人屋面女儿墙一般高度为 0.6 m。

（2）为提高女儿墙的连续性和整体性，可在其最顶部制作现浇混凝土压顶、石材压顶、金属板压顶、砌砖压顶等。

（3）女儿墙泛水高度不小于 250 mm。

（4）女儿墙常采用混凝土圈梁压顶，圈梁厚度最小为 120 mm

4.知识拓展

女儿墙兼顾抗震设防的构造措施

（1）在女儿墙砌体内设纵向拉结钢筋，通全长，其中两根通过构造柱。

（2）设构造柱，设计合理截面间距，其竖向配筋按抗震计算确定，下部锚固于顶层圈梁中，上部与压顶圈梁整连，构造柱间距不得超过 4 m。

（3）在女儿墙砌体外侧还要设置横向连接钢筋，每 4 层砖压 1 根，开口端锚固于构造柱中，其两直肢随坡度而加长。柱外侧砌体厚度≤120 mm 时，可不设横向拉结筋。

（4）每隔 12 m 需设伸缩缝。

§49　马头墙

1.简介

1）概述

马头墙指高于两山墙屋面的墙垣，也就是山墙的墙顶部分，因形状酷似马头，故称"马头墙"。又称风火墙、防火墙、封火墙，是中国传统民居建筑流派中江南古典建筑的重要特色。

2）分类

马头墙有一阶、二阶、三阶、四阶之分，也可称为一叠式、两叠式、三叠式、四叠式，通常以三叠式居多。较大的民居，因有前后厅，马头墙的叠数可多至五叠，俗称"五岳朝天"。

3）作用及特点

作用：在山墙顶部砌筑有高出屋面的马头墙，用以解决房屋密集防火、防风之需，在相邻建筑发生火灾情况下，起到隔断火源的作用。

特点：马头墙墙头都高出于屋顶，轮廓作阶梯状，脊檐长短随着房屋的进深而变化，多檐变化的马头墙在江南民居中广泛地被采用。墙面以白灰粉刷，墙头覆以青瓦两坡墙檐，白墙青瓦，明朗而雅素。

2. 构造图例

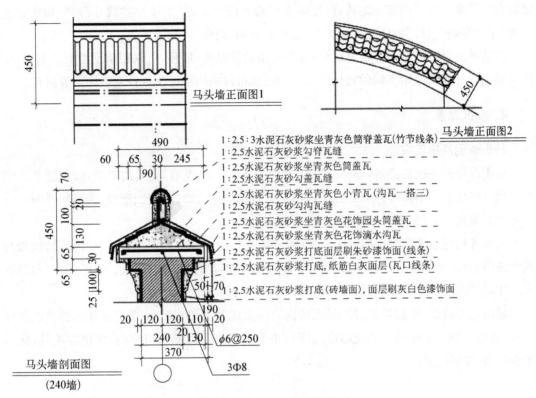

马头墙正面图1

马头墙正面图2

490

60　65　30　245

90

1:2.5:3水泥石灰砂浆坐青灰色筒脊盖瓦(竹节线条)
1:2.5水泥石灰砂浆勾脊瓦缝
1:2.5水泥石灰砂浆坐青灰色筒盖瓦
1:2.5水泥石灰砂勾盖瓦缝
1:2.5水泥石灰砂浆坐青灰色小青瓦(沟瓦一搭三)
1:2.5水泥石灰砂勾沟瓦缝
1:2.5水泥石灰砂浆坐青灰色花饰园头筒盖瓦
1:2.5水泥石灰砂浆坐青灰色花饰滴水沟瓦
1:2.5水泥石灰砂浆打底面层刷朱砂漆饰面(线条)
1:2.5水泥石灰砂浆打底,纸筋白灰面层(瓦口线条)
1:2.5水泥石灰砂浆打底(砖墙面),面层刷灰白色漆饰面

70

450　100　20
130
65
65　30

25 100

50 70

190

20 120 120 110 20

240　20　130

370

φ6@250

3Φ8

马头墙剖面图

(240墙)

图 2-2-97　马头墙节点详图

图 2-2-98　建筑实体工法楼马头墙实景图

3. 构造组成

马头墙随屋面坡度层层迭落,以斜坡长度定为若干档,墙顶挑三线排檐砖,上覆以小青

瓦,并在每只垛头顶端安装搏风板(金花板)。其上安各种苏样"座头"("马头"),有"鹊尾式""印斗式""坐吻式"等数种。"鹊尾式"即雕凿一似喜鹊尾巴的砖作为座头;"印斗式"即由窑烧制有"田"字纹的形似方斗之砖,但在印斗托的处理上又有"坐斗"与"挑斗"两种做法;"坐吻式"是由窑烧"吻兽"构件安在座头上,常见有哺鸡、鳌鱼、天狗等兽类。

构造做法:墙体,选用外墙材料,厚度常随山墙的厚度;压顶,可采用钢筋混凝土材料,压顶可根据设计要求采用不同的特色图案;饰面层,可以采用贴面类或抹灰类饰面等材料。

4. 知识拓展

马头墙创新施工方法

采用现浇砼一次性浇筑,整体三路挑檐砖与座头一次成型,能提高工效,降低造价。制作定型三路线造型钢模,两侧二块组合,用步步紧扣件穿过墙缝,紧固钢模,为使脱模时不易损坏三线棱角,钢模要刷保护剂,脱模时不粘水泥。

马头各构件连体预制(注:40 mm 厚预制板内配 $\phi6@200$ 双向钢筋,C20 砼),博风板与披水条砖连成一体,斗式又将斗托、斗、斗盖连成一体,鹊尾式将鹊尾飞、鹊尾托、六角墩连成一体,使安装时减少各块安装工序。

采用贴美纹纸,使假垛板、假三线、砖白缝一次成型。用 0.5 cm 美纹纸按砖缝白线部位贴好,再统一刷蓝灰涂料。墨线部位先用两条美纹纸将墨线部位留空白,再填涂墨汁,而后撕美纹纸,即可成形。

§50 锅耳墙

1. 简介

1) 概述

又称"镬[huò]耳墙"。镬,是古时的一种大锅,镬耳屋因其楼顶两边的山墙形状似锅耳,因此亦称"锅耳屋"。锅耳屋从正面看两边高耸的墙体呈镬耳形,从侧面看则像"凸"字。

2) 作用与特点

锅耳墙(镬耳山墙)最直接的作用是可遮挡太阳直射,减少屋内的闷热,可挡风入巷,让风通过门、窗流入屋内。火灾时,高耸的山墙可阻止火势蔓延和侵入。另外,镬耳山墙上的窗户窄窄地高开,还能防盗。

墙体呈锅耳形,线条优美,弧度变化大,实际上它是仿照古代的官帽形状修建的,取意前程远大。多用青砖、石柱、石板砌成,建造过程中所用的材料十分讲究,造工精细。

2. 构造图例

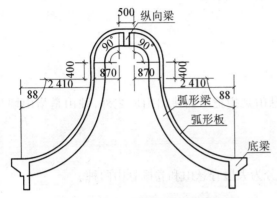

图 2‑2‑99 锅耳墙节点示意图

图 2‑2‑100 建筑实体工法楼锅耳墙实景图

3. 知识拓展

[文化延伸]

镬耳屋是岭南地区传统广府民居的典型代表,以广府风格的民居建筑为主要代表,分布于大珠江三角洲、粤西地区,因其在屋的两边墙上筑起两个像镬耳一样的挡风墙而得名。

镬耳屋多用青砖、石柱、石板砌成,在其建造过程中所采用的材料十分讲究,造工精细。锅耳所用的砖,都是采用打磨过的青砖为上乘。锅耳的结构从檐口至顶端用两排瓦筒压顶,并用灰塑封固,处理收口的工艺是整座建筑工程难度最大,造价最贵的地方。镬耳屋的山墙基本为黑色,镬耳屋脊都有两头翘起、昂首向天的龙船脊,屋顶中间还有站立的风水牛。镬耳屋墙头嵌以砖雕,饰以花虫鸟兽,人物传说等彩画,为沉寂的墙壁添上蓬勃的生命气息和艺术活力。

镬耳屋外部结构造型别具一格,内部格局是广东民居典型的"三间两廊"的肌理。"三间"指的是排成一列的三间房屋,其中间为厅堂,两侧为居室。三间房屋前为天井。天井两侧的房屋即为"廊"。"两廊"一般用作厨房或门房。这种廊檐相间的布局,刻意营造虚实相结合的意境,不但较于闭塞自封的北地建筑更显开放,而且还拧开了一道实用的阀门:一方面便于空气流通、消暑散热;另一方面靠着廊庑连接了建筑的骨骼,起到隔绝风雨、遮挡阳光的作用。有的镬耳屋的间数不止如此,开间越多意味着等级越高,这与先民的等级观念相关。

镬耳屋凝聚了历代建筑匠师的智慧与汗水,结合独特的自然环境与乡土资源,融入当地的风水观念与传统文化,再加以高超的雕刻与绘画艺术,成就了一座座集观赏与实用的特色建筑。

§51 悬 山

1. 简介

1) 概述

双坡屋面的山墙有悬山和硬山两种。悬山是指把屋面挑出山墙之外,硬山是指山墙与屋面等高或高于屋面成女儿墙。

2) 分类

以建筑外形及屋面做法分,悬山建筑可分为大屋脊悬山和卷棚悬山两种。

3) 作用

悬山结构的檩木悬挑出梢,使屋面向两侧延伸,在山面形成出沿,有防止雨水侵蚀墙身的作用。

2. 构造图例

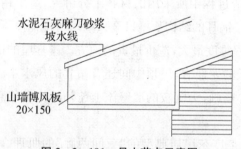

图 2-2-101 悬山节点示意图

图 2-2-102 建筑实体工法楼悬山实景图

3. 构造特点

悬山檩木悬挑出梢,使屋面向两侧延伸,在山面形成出沿,具有防止雨水侵蚀墙身的作用。但檩木出梢也带来了山面木构架暴露在外的缺点,对于建筑外形的美观和保护木构架端头是不利的。于是,便在挑出檩木外端钉一道随屋面坡度有曲的人字形厚木板,从而使暴露的檩木得到掩盖和遮护,叫博风板(或作封山板、博缝板等)。博风板的尺度与檩子或椽子成正比。

为了加强对出梢檩木的支撑,在其下施燕尾仿,高、厚均同垫板,安装在排山梁架的外侧,形式上可以看作是内侧攘垫板向出梢部分的延伸和收头,但实际上二者在构造上无任何关系。燕尾仿下面的仿子出头为箍头仿,既具有拉结柱子的作用,又有装饰功能。

§52 檐 沟

1.简介

1）概述

屋檐边的集水沟,沿沟长单边收集雨水且溢流雨水能沿沟边溢流到室外。

2）分类

檐沟分为外檐沟和内檐沟,一般不能计算建筑面积,可根据气象资料,降水强度以及排水速度确定沟的尺寸大小。

3）作用及特点

作用:组织雨水规律导流;保护屋檐不受雨水侵蚀,从而达到保护建筑作用;让建筑更加美观;可防止屋檐滴水,防止常年滴水击穿、损毁地面,起到保护地面作用。

檐沟在现代大多用水泥板之类的建筑材料建成,为了让雨水能够很快很畅通地流到地面排走,一般采取中间高两边低的排水形式,同时在房屋的两边留一个下水管洞口,这样就可以直接通过管道连接后排到地面。

2.构造图例

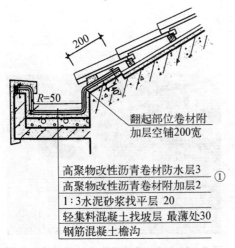

图 2-2-103 檐沟节点示意图

图 2-2-104 建筑实体工法楼檐沟实景图

3.防水构造

檐沟应增铺附加层。当采用沥青防水卷材时,应增铺一层卷材;当采用高聚物改性沥青防水卷材或合成高分子防水卷材时,宜设置防水涂膜附加层。

檐沟与屋面交接处的附加层宜空铺,空铺宽度不应小于 200 mm。

檐沟卷材收头应固定密封。

无组织排水檐口 800 mm 范围内的卷材应采用满粘法，卷材收头应固定密封。檐口下端应做滴水处理。

4. 施工工艺流程

基层表面清理、修整→喷涂基层处理剂→天沟、檐沟与屋面交界处变形集中空铺卷材→做防水层做→钢压条、涂密封材料→清理与检查修理。

§53　挑　　檐

1. 简介

1）概述

挑檐是指屋面挑出外墙的部分。

2）分类

可分为砖挑檐、椽木挑檐、挑檐木挑檐、钢筋混凝土挑檐。

3）作用

作用：主要是屋面排水，对外墙起到保护作用。其次起到美观的作用。

2. 构造图例

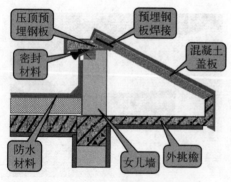

图 2-2-105　挑檐构造示意图

图 2-2-106　建筑实体工法楼挑檐实景图

3. 檐口构造

（1）柔性防水屋面的檐口构造有无组织排水挑檐和有组织排水挑檐及女儿墙檐口等：

① 无组织排水檐口卷材收头应固定密封，在距檐口卷材收头 800 mm 范围内，卷材应采取满粘法；

②　有组织排水在檐沟与屋面交接处应增铺附加层,且附加层宜空铺,空铺宽度为200 mm,卷材收头应密封固定,同时檐口饰面要做好滴水;

③　女儿墙檐口构造处理的关键是做好泛水的构造处理。女儿墙顶部通常应做混凝土压顶,并设有坡度坡向屋面。

(2)　刚性防水屋面的檐口构造有自由落水挑檐口、挑檐沟外排水檐口和女儿墙外排水檐口:

①　自由落水挑檐口一般是根据挑檐挑出的长度,直接利用混凝土防水层悬挑,也可以在增设的钢筋混凝土挑檐版上做防水层。这两种做法都要注意处理好檐口滴水。

②　挑檐沟外排水檐口一般是采用现浇或预制的钢筋混凝土槽形天沟板,在沟底用低强度的混凝土或水泥炉渣等材料垫置成纵向排水坡度。屋面铺好隔离层后再浇筑防水层,防水层应挑出屋面至少60 mm,并做好滴水。

③　女儿墙外排水檐口通常是在檐口处做成三角形断面天沟,其构造处理与女儿墙做法基本相同,但应注意在女儿墙天沟内需设纵向排水坡度。

(3)　坡屋面的檐口做法主要有挑出檐口和女儿墙檐口两种:

砖挑檐属于挑出檐口的一种,一般不超过墙体厚度的1/2,且不大于240 mm。每层砖挑长为60 mm,砖可平挑出,也可把砖斜放,用砖角挑出,挑檐砖上方瓦伸出50 mm。

当房屋屋面集水面积大、檐口高度高、降雨量大时,坡屋面的檐口可设钢筋混凝土天沟,并采用有组织排水。

§54　飞　　檐

1. 简介

1)　概述

飞檐是中国传统建筑檐部形式,多指屋檐特别是屋角的檐部向上翘起,若飞举之势,常用在亭、台、楼、阁、宫殿、庙宇等建筑的屋顶转角处,四角翘伸,形如飞鸟展翅,轻盈活泼,所以也常被称为飞檐翘角。

2)　分类

飞檐有低垂式、平直式、上挑式等,不同的形式展现出不同的艺术效果,亭、台、楼、阁的轻灵、朴实、威严效果均可通过飞檐来表达。

3)　作用及特点

飞檐为中国建筑民族风格的重要表现之一,通过檐部上的这种特殊处理和创造,不但扩大了采光面、有利于排泄雨水,而且增添了建筑物向上的动感,仿佛是一种气将屋檐向上托举,建筑群中层层叠叠的飞檐更是营造出壮观的气势和中国古建筑特有的飞动轻快的韵味。

特点:屋角的檐部向上翘起;设计构图巧妙、造型优美给人以赏心悦目的享受;飞翘的屋檐上往往雕刻避邪祈福灵兽。

2. 构造图例

图 2 – 2 – 107　建筑实体工法楼飞檐实景图

3. 构造组成

木结构中挑出的飞檐由斗拱承托,承托飞檐的方木块叫作"斗",托着斗的木条叫作"拱"。飞檐的造型美并没有脱离建筑屋顶本身的结构功能而独立,其轮廓和谐、对称都是在合理的受力结构基础上所产生的。屋面凹曲,屋檐、屋角和屋顶的飞脊都是弯曲的,形成直线和曲线的巧妙组合。

古建筑中飞檐、斗拱及整个建筑没有用一钉一铆,仅靠木制构件的彼此接连,经受岁月的剥蚀而昂然耸立了上百年。飞檐、斗拱的结构之复杂,工艺之精美,令人惊叹。

4. 知识拓展

飞檐的造型减轻了古建筑大屋顶的沉重感,使建筑静中有动,增添了建筑物的美感。飞檐造型传达出尊贵、凝重的寓意,体现了高贵华美的风韵,丰富了中国古代建筑文化。现代建筑设计师们对它也异常偏爱,使得这一特殊的中国古典建筑结构得以演变、改进和发展,并流传下来。

§55　泛　水

1. 简介

1) 概述

泛水指屋面防水层与垂直屋面凸出物交接处的防水处理。突出于屋面之上的女儿墙、烟囱、楼梯间、变形缝、检修孔、立管等壁面与屋顶的交接处,将屋面防水层延伸到这些垂直面上,形成立铺的防水层称为泛水。

2) 作用

作用是保护女儿墙、挑墙、高低屋面墙不受雨水冲刷,以及保护屋面其他地方的防水层。

2．构造图例

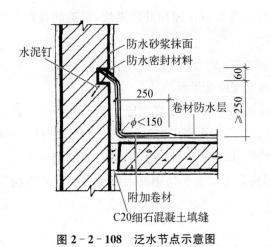

图 2-2-108 泛水节点示意图   图 2-2-109 建筑实体工法楼泛水实景图

3．构造要求

泛水构造处理时应注意：① 铺贴泛水处的卷材应采取满粘法,即卷材下满涂一层胶结材料；② 泛水应有足够的高度,迎水面不低于 250 mm,非迎水面不低于 180 mm,并加铺一层卷材；③ 屋面与立墙交接处应做成弧形（$R=50\sim100$ mm）或 45° 斜面,使卷材收头应压入凹槽内固定密封,凹槽距屋面找平层最低高度不小于 250 mm,凹槽上部的墙体应做好防水处理。

当女儿墙为混凝土时,卷材收头直接用压条固定于墙上,用金属或合成高分子盖板做挡雨板,并用密封材料封固缝隙,以防雨水渗漏。

4．施工工艺流程

基层表面清理、修整→喷涂基层处理剂→附加层→嵌填密封材料→防水层→清理与检查修理。

5．注意事项

女儿墙墙体为混凝土时,卷材收头可采用金属压条钉压,并用密封材料封固。

泛水宜采取隔热防晒措施,可在泛水卷材面砌砖后抹水泥砂浆或浇筑细石混凝土保护,也可采用涂刷浅色涂料或粘贴铝箔保护。

§56 屋面变形缝

1. 简介

1）概述

屋面变形缝是指伸缩缝、沉降缝、抗震缝等变形缝在屋面处的做法,常见的处理方式有等高屋面变形缝和高低屋面变形缝两种。

2）分类

屋面变形缝可分为等高屋面变形缝和高低屋面变形缝两种。

等高屋面变形缝是在屋面板上缝的两端加砌矮墙,矮墙高度应大于250 mm,并做好屋面防水及泛水处理,其要求同屋面泛水构造。上人屋面则用密封材料嵌缝并做好泛水处理。

高低屋面变形缝是在低屋面板上加砌矮墙,如采用镀锌铁皮盖缝时,其固定方法与泛水构造相同。在上人屋面的进出口处,可采用从高跨墙上悬挑钢筋混凝土板盖缝的方法进行变形缝的构造处理。

3）作用

屋面变形缝除了变形缝应有的伸缩功能之外,还起到了很好的防水作用。

2. 构造图例

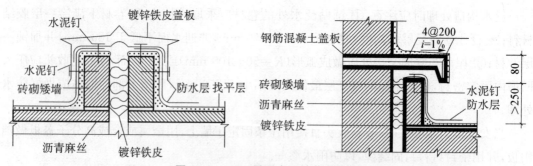

图 2-2-110 屋面变形缝节点构造

图 2-2-111 建筑实体工法楼屋面变形缝实景图

3.构造要求

(1) 变形缝的防水高度不应小于 250 mm；

(2) 防水层应铺贴到变形缝两侧砌体的上部；

(3) 变形缝内应填充聚苯乙烯泡沫塑料,上部填放补衬材料,并用卷材封盖；

(4) 变形缝顶部应加扣混凝土或金属盖板,混凝土盖板的接缝应用密封材料嵌填

(5) 密封材料嵌填必须密实、连续、饱满、黏结牢固,无气泡、开裂、脱落等缺陷。

(6) 嵌填密封材料的基层应牢固、干净、干燥,表面应平整、密实。不得有蜂窝、麻面、起皮或起砂现象；嵌填的密封材料表面应平滑,缝边应顺直,无凹凸不平现象。密封防水接缝宽度的允许偏差为±10％,接缝深度为宽度的 0.5～0.7 倍。

4.施工工艺流程

基层表面清理、修整→喷涂基层处理剂→变形缝内填填充材料→附加层防水层→变形缝顶加扣盖板→清理与检查修理。

5.注意事项

做防水层:等高变形缝类型中,卷材应满粘铺至墙顶,然后上部用卷材覆盖,覆盖的卷材与防水曾层粘牢,中间应尽量向缝中下垂,并在其上放置聚苯乙烯泡沫棒,再在其上覆盖一层卷材,两端下垂并与防水层粘牢。

高低跨变形缝中,首先低跨的防水卷材应铺至低跨墙顶,然后再在其上覆盖一层卷材封盖,其一端与铺至墙顶的防水卷材粘牢,另一端用压条钉压在高跨墙体凹槽内,用密封材料封固,中间应尽量下垂在缝中。

变形缝顶端加扣盖板:等高变形缝类型中,变形缝顶部加扣混凝土盖板或金属盖板。

高低跨变形缝类型中,在高跨墙体凹槽上部钉压金属合成高分子盖板,端头由密封材料密封。

§57 老虎窗

1.简介

1) 概述

老虎窗又称为老虎天窗,是指一种开在斜屋面上凸出的窗。

2) 分类

按材料可划分为混凝土老虎窗和木老虎窗等。

3) 作用

作用:用作房屋顶部的采光和通风。

设置老虎窗最初的作用是避免闷顶中潮湿的热气滞留,防止内部堆放的粮食发霉变质,同时也可以防止坡屋面所采用的木质结构构件腐烂变质,而降低结构的承载能力。现在的老虎窗常常与露台配用,具有轻巧和空间延伸作用。

2. 构造图例

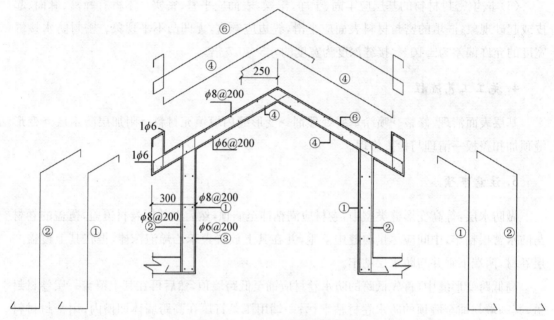

图 2-2-112　老虎窗配筋构造

图 2-2-113　建筑实体工法楼老虎窗实景图

3. 构造要求

老虎窗主要由顶板、正立面墙、两侧墙以及窗体等构件组合而成。老虎窗的材料与屋面板相同,一般为混凝土现浇而成。顶板考虑保温与防水要求,顶板上表面与屋面施工做法相同,顶板下表面与屋顶室内天棚施工做法相同。两侧墙外侧、顶板的三个侧面、正立面墙外侧与外墙面装修施工做法相同。内墙面装修与室内房间施工装修做法相同。

§58 采光天窗

1. 简介

1) 概述
屋顶上建造的洞口,用以使光线或空气进入室内。

2) 分类
常见的天窗形式有矩形、梯形、三角形、M形、锯齿形以及横向下沉式天窗和平天窗等,按构成或开启方式可分为单体式、连体式、滑动式、上开式、下开式、侧开式等。按天窗使用材料划分为金属天窗、木质天窗、复合天窗、断桥铝天窗。

3) 作用及特点
作用:采光、通风。

特点:天窗具有外形美观、采光通风效率高、防雨雪和避风性能好、结构重量轻、安装方便等特点。天窗品种多样化、构造合理、应用广泛,具有较高的市场使用价值。天窗采用新材料、新技术、新工艺,产品专业性强,类型多样,设计合理,便于设计选用和施工安装,尤其适用于轻钢结构的建筑。

2. 构造图例

图 2-2-114 建筑实体工法楼采光天窗实景图

3. 质量要求

采光天窗所采用的各种材料应选用耐气候性的材料,且符合国家现行的产品标准。

硅酮结构密封胶应有与接触材料相容性的试验报告,并应有保质年限的质量保证书。

采光天窗所涉及的埋件及其位置，以施工图纸为依据，以轴线为基准控制位置。

采光天窗所涉及的连接件与预埋件的焊接、防腐处理，观察焊缝长度、高度满足设计要求，无漏焊、虚焊，焊缝打光后涂抹防锈漆。

采光天窗采取外部散排水、室内冷凝水排出措施与主体其他排水系统有效连接。施工结束后进行淋水测试。

4. 知识拓展

采光天窗由于其特殊的位置，一般为不可开启的玻璃窗，如采光罩，但也有某些建筑由于设计需要，采用特殊的机械开窗器控制其开关。

扫码查看
现场视频

四、装饰装修部分

§59　整体面层楼地面

1. 简介

1）概述

整体面层是指一次性连续铺筑而成的面层。

2）分类

（1）水泥砂浆面层；（2）水泥混凝土面层；（3）水磨石面层；（4）自流坪楼地面等。

3）特点与适用范围

（1）水泥砂浆面层属低档地面，造价低，材料来源广、整体性能好、施工方便，但不耐磨、易起灰，适用于工业与民用楼地面工程。

（2）水泥混凝土面层具有强度高、耐磨性好等特点，适用于一些承受较大机械磨损和冲击作用较多的工业厂房以及一般辅助性生成的车间、仓库等建筑楼地面。

（3）水磨石面层其原材料来源丰富、价格较低、做成的饰面表面平整光滑、装饰效果好、不起灰、容易清洁，又可根据设计要求做成各种颜色和花纹图案。可用于室内外墙面、楼地面、楼梯等。

（4）自流坪面层洁净、美观耐磨、流重压、环保性、工期短，除了自动找平功能之外，水泥自流平还可以起到防潮、抗菌的重要作用，适用于无尘室、无菌室、制药厂、食品厂等精密行业中的楼地面工程，或作为 PVC 地板、强化地板、实木地板的基层。

2. 构造图例

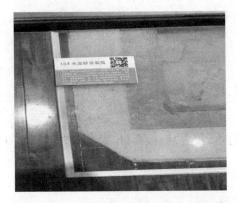

图 2-2-115　工法楼水泥砂浆楼地面实景图

图 2-2-116　工法楼水泥混凝土楼地面实景图

图 2-2-117 工法楼水磨石楼地面实景图　　　图 2-2-118 工法楼自流坪地面实景图

3．构造要求

（1）在水泥类基层表面铺设水泥类整体面层时，基层表面应粗糙、洁净，并应湿润，但不得有积水现象。铺设整体面层前还应涂刷一遍水泥浆，应随刷随铺。

（2）整体面层施工后，养护时间不应少于 7 d；抗压强度应达到 5 MPa 后，方准上人行走；抗压强度应达到设计要求后，方可正常使用。

（3）铺设整体面层，应按设计要求和规范规定设置分格缝和分格条。室内面层与走廊连接的门扇处应设置分格缝；大开间楼层在梁、墙支承的位置亦应设置分格缝。

（4）整体面层的抹平工作应在水泥初凝前完成，压光工作应在水泥终凝前完成。

4．施工工艺流程

基层清理→弹标高和面层水平线→垫层→找平层→隔离层→填充层→面层→养护。

注意：整体面层在有防水防潮层要求时，应在面层下部设置防水防潮层。

§60　块料面层楼地面

1．简介

1）概述

块料面层是指用各种人造或天然的预制板材、块料镶铺在基层上。

2）分类

（1）石材块料面层；（2）陶瓷块料面层；（3）竹木（复合）地板面层；（4）橡塑面层；（5）防静电活动地板等。

3）特点及适用范围

（1）石材块料面层主要利用花岗岩和大理石作为楼地面的装饰面层。特点是工厂批量预制,现场铺贴,速度较快,材质颜色造型非常丰富,没有整体性,铺贴施工不好的话容易空鼓、脱落等。主要应用于大型公共建筑或装饰等级要求较高的室内外装饰工程,特别适宜做大型公共建筑大厅的地面。

(2) 陶瓷块料面层的特点:规格齐全、色彩图案多、装饰效果好、质地坚硬、耐热、耐磨,容重小、耐酸、耐碱、不渗水、易清洗、吸水率小等优点。适用于广场,客厅,卫生间,阳台,商场,办公楼,住宅等。

(3) 木地板面层包括实木地板、实木复合地板和强化地板三大类。实木地板具有木材自然生长的纹理,是热的不良导体,能起到冬暖夏凉的作用,脚感舒适,使用安全的特点,是卧室、客厅、书房等地面装修的理想材料。实木复合地板兼具强化地板的稳定性与实木地板的美观性,而且具有环保优势。一定程度上克服了实木地板湿胀干缩的缺点,干缩湿胀率小,具有较好的尺寸稳定性,并保留了实木地板的自然木纹和舒适的脚感。强化地板具有耐磨、美观、稳定、尺寸极稳定抗冲击、抗静电、耐污染、耐光照、耐香烟烧、安装方便、保养简单等优点,适用于民用建筑室内和体育场所地板。

(4) 橡塑面层,橡塑地板具有价格适度、装饰效果好、足感舒适,导热保暖性好、隔音防潮、防虫蛀、防水防滑、超强耐磨、不怕腐蚀、施工铺设方便、质轻、保养方便、绿色环保等特点,适用于对室内环境具有较高安静要求以及儿童和老人活动的公共场所,如宾馆、图书馆、幼儿园、老年活动中心机房等。

2. 构造图例

图 2-2-119　工法楼花岗岩楼地面实景图

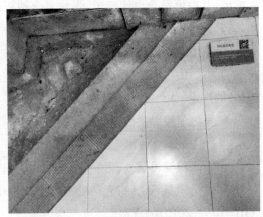
图 2-2-120　工法楼陶瓷块料楼地面实景图

图 2-2-121　工法楼实木地板实景图

图 2-2-122　工法楼强化地板实景图

3. 构造要求

（1）花岗岩构造要求：① 面层采用花岗岩石材,磨光花岗岩石板,水泥砂浆擦缝。② 结合层,常采用干硬性水泥砂浆。③ 找平层,水泥细石砂浆和水泥砂浆。④ 基层,花岗岩地面基层可为硬化后的地坪层,也可为钢筋混凝土结构楼板。⑤ 附加层,在有设计要求的区域可布设防潮层防水层隔音层等。⑥ 细部构造,花岗岩地面可按需要设置排水坡度,设置踢脚线等细部措施。

（2）强化地板构造要求

① 强化地板面层采用条材强化复合地板或采用拼花强化复合地板以浮铺方式在基上铺设。

② 强化地板的材料以及面层下的板或衬垫等材料应符合设计要求可用双层和单层面板铺设,其厚度符合设计要求,强化复合地板面层的条材和块材应采具有商品检验合格证的产品,其技术等级和质量要求等均应符合国家现行标准的规定。

③ 强化地板面层铺设时,粘贴材料应采用具有耐考防水和防菌等无毒等性能的材料,胶黏剂的选用应符合现行国家标准《民用建筑工程室内环境污染控制规范》(GB 50325—2010)的规定。

④ 强化地板面层铺设时,相邻板材接头位置应错开不小于 300 mm 的距离,与墙之间应留不小于 10 mm 的。

⑤ 大面积铺设强复合地板面层时,应分段铺设,分段缝的处理符合设计要求。

⑥ 强化地板面层的允许偏差应符合国家标准《建筑地面工程施工质量验收规范》(GB 5209—2010)的规定。

4. 施工工艺流程

（1）石材楼地面

基层处理→地面弹线→排板设计、编号→现场预拼→刷聚合水泥浆及铺砂浆结合层→铺大理石板块或花岗石板块→灌浆、擦缝→贴踢脚板、防护剂→打蜡。

（2）实木复合地板

检验实木复合地板质量→技术交底→机具设备准备→基底清理→弹线→防火→防腐处理→铺衬垫→铺强化复合地板→清理验收。

§61 墙(柱)面抹灰

1. 简介

1) 概述

墙柱面抹灰是建筑结构施工完成之后的一项工作,指在建筑物内外墙(砌块墙)面涂抹石灰砂浆、水泥砂浆、水泥混合砂浆、聚合物水泥砂浆、麻刀石灰等。建筑施工中通常将采用一般抹灰构造作为饰面层的装饰装修工程称作"毛坯装修"。墙面抹灰一般由底层灰、中层灰和面层灰三层组成。底层主要起黏结作用,中层灰主要起找平作用,面层主要起装饰作用。

2) 分类

（1）按基层不同可分为砖墙面抹灰、砌块面抹灰和其他面抹灰;（2）按抹灰所处的位置分为外墙面抹灰和内墙面抹灰;（3）按所使用的材料分为石灰砂浆、混合砂浆、水泥砂浆、聚合物水泥砂浆以及麻刀灰、纸筋灰、石膏灰等。

3) 作用及适用范围

内墙面抹灰的主要作用是美化功能,改善室内卫生条件,净化室内空气,增强光线反射,美化环境,提高居住舒适度。外墙面抹灰的作用是保护墙体不受风、雨、雪、的侵蚀,墙加墙面防潮、防风化和隔热的能力,提高墙身的耐久性能和热工性能。

此外,用斩假石装饰的建筑物、大气美、久耐用、适应性强,相比挂花岗岩价格更加实惠。缺点就是斩凿面层对工人的技术水平要求较高,而且费工费时。适用于各种形状的建筑外墙装修。

2. 构造图例

 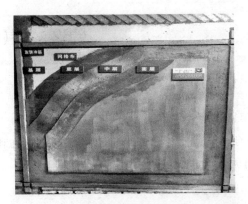

图 2 - 2 - 123 工法楼砖墙面一般抹灰实景图　　图 2 - 2 - 124 工法楼砌块墙面一般抹灰实景图

图 2 - 2 - 125　工法楼斩假石墙面实景图

3. 构造要求

（1）基层处理：必须清除表面杂物、尘土，提前一天用水慢慢将砌体表面及砼墙面浇透湿润。

（2）抹灰配合比一定按设计要求配制。

（3）砂浆拌好后，应在初凝前使用完，凡结硬砂浆不得继续使用。

（4）内墙抹灰，必须按设计要求分层进行，并掌握好间隔时间。

（5）抹面灰时，注意灰层内的含水率，压活不应跟得太紧，应待面层灰的水分被底灰吸收后，使面层灰与底层灰产生吸附力后再压活。

（6）腻子粉找平一定要打磨，二次找平的时候带灯，处理粉尘防止在刷乳胶漆时粉尘飞到墙上。腻子局部细致修补，涂刷二遍乳胶漆。

（7）墙面普通抹灰的总厚度般不超过 18 mm，高级抹灰不超过 25 mm。

4. 施工工艺流程

基层清理→管线开槽、配管→钉钢丝网→打饼→阴阳角找方→自检隐蔽→监理或建设单位检查→隐检签字→刮纯水泥浆→抹面层灰→质量检查→养护。

§62　墙（柱）面涂料

1. 简介

1）概述

墙（柱）面涂料是指用于建筑墙面起装饰和保护，使建筑墙面美观整洁，同时也能够起到保护建筑墙面，延长其使用寿命的作用。

2）分类

（1）按建筑墙面分类包括内墙涂料和外墙涂料两大部分；（2）内墙涂料分为水溶性涂料

和树脂乳液涂料;(3) 外墙涂料分为立体质感涂料(包括真石漆、仿石漆、砂壁状涂料等)和外墙乳胶漆。

　　3) 特点及适用范围

　　(1) 内墙涂料特点是施工简单,有多种色调,宜在其上点缀各种装饰品,装饰效果简洁大方,是应用最广泛的内墙装饰材料。

　　(2) 外墙涂料特点是耐候性好、耐水性好、耐玷污性好和涂膜耐温变性好。外墙涂料用于涂刷建筑外立面,所以最重要的一项指标就是抗紫外线照射,要求达到长时间照射不变色。

2. 构造图例

图 2-2-126　工法楼滚涂美术涂料面层实景图

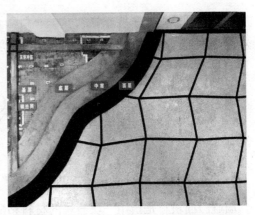

图 2-2-127　工法楼仿石涂料面层实景图

图 2-2-128　工法楼滚花涂饰面层实景图

图 2-2-129　工法楼皮皱面涂料面层实景图

3. 构造要求

　　(1) 基层的处理的目的是先将墙面上起皮、松动以及鼓包等地方进行清除,将残留在基层表面上的灰尘、污垢、砂浆等等一些杂物清除干净。

　　(2) 刮腻子在施工工艺中也是不可少的一步,刮腻子施工工艺一般情况下是三遍,靠墙面的平整度来决定。

（3）施涂第一遍涂料是先刷顶板后面的墙面,刷墙时应先上后下,再用布将墙粉尘擦净。乳液涂料一般采用排比涂刷,加水稀释后排水均匀,干燥后复补腻子,并清扫干净。

（4）施涂第二遍涂料与第一遍相同,但是不宜加水,以防露底,待干燥后用细砂纸将墙面的小疙瘩和排笔毛打磨掉,最好清扫干净。

（5）施涂第三遍乳液薄涂料与第二遍相同,但是乳胶干燥较快所以速度较快,涂刷开始时从头开始,涂刷向另一头,注意上下互相衔接后继续操作。

4. 施工工艺流程

基层处理→弹水平线→修补腻子→刮腻子→弹分色线(俗称方子)→施涂第一遍乳液薄涂料→施涂第二遍乳液薄涂料→施涂第三遍乳液薄涂料。

§63 墙(柱)面块料

1. 简介

1）概述

墙(柱)面块料是指用一块一块的材料粘贴到墙(柱)面,起到保护墙(柱)面,装饰整个建筑物的效果。

2）分类

（1）按位置可分为外墙(柱)面块料和内墙(柱)面块料；（2）按材料分为石材块料墙(柱)面、陶瓷块料墙(柱)面和其他块料墙(柱)面。

3）特点及适用范围

（1）陶瓷块料墙面特点是:质地密实、釉面光亮、耐磨、防水、耐腐和抗冻性好,给人以光亮晶莹、清洁大方的美感,是一种较普遍应用的外墙贴面装饰。

（2）花岗岩石材点挂的特点是不需要预埋铁件,施工方便,施工技术难度较低,工人容易上手。承重靠角码和膨胀螺栓,承载力有限,一般仅适用于内墙装饰或高度不高的外墙装饰。

（3）釉面砖特点是色彩图案丰富、规格多、清洁方便、选择空间大、防渗、不怕脏、防滑度好、表面可以烧制各种花纹图案风格,适用于厨房和卫生间；缺点是耐磨性差。

2. 构造图例

图 2-2-130 工法楼陶瓷块料墙面实景图

图 2-2-131 工法楼花岗岩墙面实景图

图 2-2-132 工法楼釉面砖墙面实景图

3. 构造要求

（1）基层为砖墙应清理干净墙面上残存的废余砂浆块、灰尘、油污等,并提前一天浇水湿润。

（2）基层为混凝土墙应剔凿胀的地方,清洗油污,太光滑的墙面要凿毛,或用掺107胶的水泥细砂浆做小拉毛墙或刷界面处理剂。

（3）打底时要分层进行,每层厚度宜5～7 mm。底层灰6～7成干时,按图纸要求,结合实际和釉面砖规格进行排砖、弹线。

（4）正式镶贴前应贴标准点,用废釉面砖,用作灰饼的混合砂浆粘在墙上,用以控制整个镶贴釉面砖表面平整度。

（5）用垫度尺计算好下一皮砖下口标高，底尺上平面一般比地面低 1 cm 左右，以此为依据放好底尺，要求水平、安稳。

4.施工工艺流程

（1）外墙面砖

基层清理→配专用聚合物黏结砂浆→粘边翻包网格布→粘贴岩棉→钻孔,安装固定件—拌制面层聚合物砂浆→刷一遍专用界面剂→粘贴网格布→抹面层聚合物抗裂砂浆→分格缝内填塞内衬、封密封胶→刷专用界面剂→抹底层聚合物砂浆→外墙面砖。

（2）花岗岩点挂

测量放线→角码的安装→花岗岩开槽→花岗岩安装→嵌填密封胶→检查验收。

（3）釉面砖

选砖→基层处理→吊垂直、找规矩、贴灰饼、冲筋→抹底子灰→预排砖块→弹线→贴面砖→清理面砖。

§64　墙(柱)面裱糊

1.简介

1）概述

裱糊工程是指在建筑物内墙和顶棚表面粘贴纸张、塑料壁纸、玻璃纤维墙布、锦缎等制品的施工。是美化居住环境，满足使用的要求，并对墙体、顶棚起一定的保护作用。多功能墙布具有阻燃、隔热、保温、吸音、隔音、抗菌、防霉、防水、防油、防污、防尘、防静电等功能。

2）分类

裱糊类墙面的饰面材料种类很多，常用的有墙纸、墙布、锦缎、皮革、薄木等。锦缎、皮革和薄木裱糊墙面属于高级室内装修，用于室内使用要求较高的场所。

3）特点及适应范围

裱糊类墙体饰面装饰性强，造价较经济，施工方法简便、效率高，饰面材料更换方便，在曲面和墙面转折处粘贴可以获得连续的饰面效果。

裱糊的装饰性主要体现的是文化，功能性方面体现的则是多功能的聚合所表现的安全环保、节能低碳。墙布的色彩、图案、质感都可以通过精心设计，更加适应各种环境的需要和满足各层次的现代人群的审美观，从而为人们营造出豪华、温馨、舒适、健康的环境，这是其它墙面装饰材料无法比拟的。

2. 构造图例

图 2 - 2 - 133 工法楼墙布墙面实景图

图 2 - 2 - 134 工法楼液体墙纸布墙面实景图

3. 构造要求

（1）裱糊前，应将基体或基层表面的污垢、尘土清除干净，泛碱部位宜使用 9% 的稀醋酸中和清洗。处理后的基层应坚实牢固，表面平整光洁，线脚通畅顺直，不起尘，无砂粒和孔洞，同时应使基层保持干燥。不得有飞刺、麻点、砂粒和裂缝。阴阳角应顺直。

（2）附着牢固，表面平整的旧溶剂型涂料墙面，裱糊前应打毛处理。

（3）裱糊前，应以醇酸清漆涂刷封闭基层。

（4）裱糊前，应按壁纸的品种、图案、颜色、规格进行选配分类，拼花裁切，编号后平放待用。裱糊时按编号顺序粘贴。

4. 施工工艺流程

（1）墙面

清扫基层、填补缝隙→石膏板面接缝处贴接缝带、补腻子、磨砂纸→满刮腻子、磨平涂刷防潮剂→涂刷底胶→墙面弹线→壁布基层涂刷黏结剂→墙布裁纸、刷胶→上墙裱贴、拼缝、搭接、对花→赶压胶粘剂气泡→擦净胶水→修整。

（2）液体墙纸

搅拌→加料→刮涂→收料→对花→补花。

§65 墙(柱)面饰面

1. 简介

1) 概述

墙(柱)面饰面是采用比较高档的装饰板材在墙体表面进行装饰,对墙面起保护和装饰作用。墙(柱)面饰面的主要目的是保护墙体,增强墙体的坚固性、耐久性,延长墙体的使用年限,改善墙体的使用功能。提高墙体的保温、隔热和隔声能力,提高建筑的艺术效果,美化环境。

2) 分类

根据饰面材料的不同可分为不锈钢饰面、镜面板饰面、铝塑复合板饰面、木板饰面、石材板饰面等。

3) 特点及适用范围

(1) 不锈钢护墙具有安装方便、快捷、省时、省力,互换性好,可多次拆装使用,不变形、寿命长等优点。不锈钢护墙常用于医院、办公楼等经常发生磕碰的公共区域,如走道边等。

(2) 镜面板具有不褪色、耐刮擦、耐酸碱抗腐蚀、表面光滑度高、漆膜丰富、环保健康等特点。镜面板主要应用于建筑装潢、电梯装潢工业装潢装等,工业上还有作为热量反射用。

(3) 铝塑复合板具有艳丽多彩的装饰性、耐候、耐蚀、耐创击、防火、防潮、隔音、抗震性、质轻、易加工成型、易搬运安装等特性,因此被广泛应用于各种建筑装饰上。

(4) 木护墙具有安装方便、快捷,省时、省力,互换性好,可多次拆装使用,不变形、寿命长等优点,具有很好的装饰性和实用性。

2. 构造图例

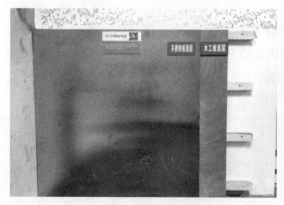
图 2-2-135 工法楼不锈钢护墙板饰面实景图

图 2-2-136 工法楼木护墙板饰面实景图

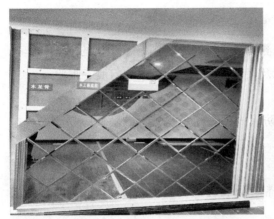

图 2-2-137　工法楼镜面板饰面实景图

图 2-2-138　工法楼铝塑复合板饰面实景图

图 2-2-139　工法楼软包墙面实景图

图 2-2-140　工法楼硬包墙面实景图

3.构造要求

(1) 预埋件经过防腐处理,木料含水率木龙骨小于12%,胶合板小于10%。

(2) 饰面板表面清洁,棱角光滑,无毛刺和飞边,板面间缝隙宽度均匀。

(3) 墙面要求平整。如墙面平整误差在10毫米以内,可采取抹灰修整的办法;如误差大于10毫米,可在墙面与龙骨之间加垫木块。

(4) 饰面板安装牢固,上沿线水平无明显偏差,护墙板阴阳角垂直,阳角呈45°紧密连接。

4.施工工艺流程

(1) 不锈钢护墙

基层处理→弹线→安装竖向龙骨→安装横向龙骨→安装内衬板→隐蔽工程验收→加工

不锈钢面板→安装不锈钢面板→清理。

（2）铝塑复合板

基层处理→测量放线→连接杆件的安装→测量成果绘制施工图→铝塑板的加工制作—施工材料运抵工地现场→塑铝板安装特殊要求及保证→塑铝板的安装→打胶→报验。

（3）木护墙板

基层处理→测量弹线→钻孔扎榫→防潮、防火处理→固定木龙骨→隐蔽验收→安装木饰面→收口线条处理。

（4）软包

基层处理→弹线→龙骨安装→铺钉衬板→粘贴面料→安装贴脸或装饰边线→修整软包墙面。

§66 其他装饰工程

1.简介

1）概述

是不同于其他装饰工程的比较小型的起装饰效果的工程。

2）分类

（1）踢脚线；（2）大理石窗台；（3）装饰线；（4）门槛石；（5）窗帘盒；（6）波打线。

3）作用、特点及适用范围

踢脚线的作用：（1）美化、装饰作用；（2）保护墙面的作用（避免外力碰撞造成墙体破坏；拖地等沾污墙面后方便擦洗）。

大理石窗台的特点：（1）不变形；（2）硬度高；（3）使用寿命长；（4）不会出现划痕；（5）不磁化。

装饰线的作用：装饰线条就是在装饰面上为了美观。

门槛石的作用：（1）能起到防潮的作用，防止地板起拱；（2）防止水流到外面来的功能。

窗帘盒的作用：窗帘盒是家庭装修中的重要部位，是隐蔽窗帘隐头的重要设施。在进行吊顶和包窗套设计时，就应进行配套的窗帘盒设计，才能起到提高整体装饰效果的作用。

波打线的作用：进一步装饰地面的作用，使客厅地面更富于变化、看起来具有特别艺术韵味的一些线条，富有美感。

2. 构造图例

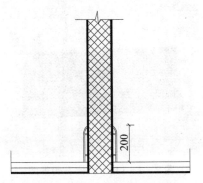

图 2-2-141　踢脚线构造

图 2-2-142　工法楼踢脚线实景图

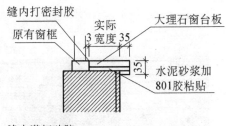

缝内打密封胶
原有窗框
实际 3 宽度 35
大理石窗台板
35
水泥砂浆加 801 胶粘贴

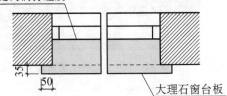

缝内满打硅胶
35
50
大理石窗台板

图 2-2-143　大理石窗台板构造

图 2-2-144　工法楼大理石窗台板实景图

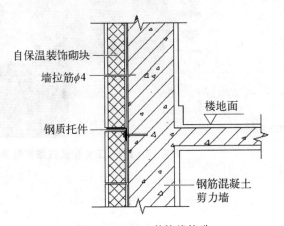

自保温装饰砌块
墙拉筋 $\phi 4$
钢质托件
楼地面
钢筋混凝土剪力墙

图 2-2-145　装饰线构造

图 2-2-146　工法楼装饰线实景图

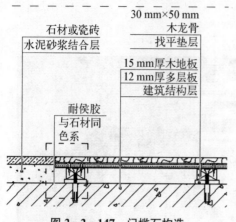

图 2-2-147 门槛石构造

图 2-2-148 门槛石实景图

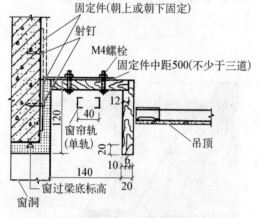

图 2-2-149 窗帘盒构造

图 2-2-150 工法楼窗帘盒实景图

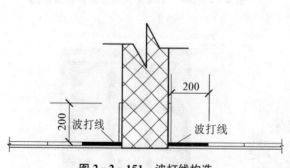

图 2-2-151 波打线构造

图 2-2-152 工法楼波打线实景图

3. 构造要求

踢脚线:与地板衔接的最大间隙应小于 3 mm。

大理石窗台:检查贴脸板和线条安装部位的抹灰和窗框的接缝平直度。

装饰线:清理基面在需要粘贴线角的部位,用铲刀、钢丝刷等工具清除基面上的污物、油渍、松散颗粒等,用湿抹布除掉灰尘。

门槛石:一般门槛石为天然的石材,在装饰超市或者建材店都够购买,一般常用黑金沙200多一个平方(进口)。

窗帘盒:窗帘盒的规格为高100毫米左右,单杆宽度为120毫米,双杆宽度为150毫米以上,长度最短应超过窗口宽度300毫米,窗口两侧各超出150毫米,最长可与墙体通长。

波打线:波打线一般是沿房间地面的四周连续铺设。地砖一般应该由门口开始,门口应该是整砖,砖缝必须与门中或门边协调,门口砖的位置确定后,由外(门口)往里铺,非整砖放在最里边。

4. 施工工艺流程

(1) 踢脚线:踢脚测量→基层修整清理→踢脚线选材→放样切割→安装定位→临时固定→玻璃胶粘接→踢脚板铺贴→清理养护。

(2) 大理石窗台:定位和划线→检查嵌入式部件→支架安装→大理石窗台板安装。

(3) 装饰线:材料进场→节点符合安全要求→保护表面→安装固定→接缝连接→清扫。

(4) 门槛石:基层清理→门槛水泥砂浆施工→结构防水→地面防水施工→养水试验→面层施工。

(5) 明窗帘盒:下料→刨光→制作榫卯→装配→修正砂光。

(6) 暗窗帘盒:定位→固定角铁→固定窗帘盒。

(7) 波打线:地砖→波打线→过门石→踢脚线。

§67 吊　顶

1. 简介

1) 概述

吊顶是指建筑室内的顶棚装饰,或者称为天花板装饰,是室内装饰的重要部分之一。

2) 分类

(1) 铝扣板吊顶;(2) 硅酸钙板吊顶;(3) 轻钢龙骨吊顶;(4) 木龙骨吊顶。

3) 特点及适用范围

铝扣板是最适合于厨房和卫生间吊顶用途的装饰材料。具有良好的防潮、防油污、阻燃特性,美观大方,运输及使用方便。

硅酸钙板是一种具有优良性能的新型建筑和工业用板材,其产品防火,防潮,隔音,防虫蛀,耐久性较好,是吊顶,隔断的理想装饰板材。

轻钢龙骨吊顶具有重量轻、强度高、适应防水、防震、防尘、隔音、吸音、恒温等功效,同时还具有工期短、施工简便等优点。

木龙骨吊顶具有保温、隔热、隔声、吸声的作用,也是电气通风空调、通信和防火、报警管线设备等工程的隐蔽层。家装小面积的石膏板吊顶,或轻质的铝扣板、PVC扣板吊顶都适合用木龙骨。

2. 构造图例

图2-2-153 工法楼铝扣板吊顶实景图

图2-2-154 工法楼硅酸钙板实景图

图2-2-155 工法楼轻钢龙骨吊顶实景图

图2-2-156 工法楼木龙骨吊顶实景图

3. 构造要求

铝扣板吊顶:按合适的间距吊装好吊杆和轻钢龙骨,吊杆间距小于或等于1.2米,轻钢龙骨间距是1.2米。

硅酸钙板吊顶:硅酸钙板强度高,6 mm厚板材的强度大大超过9.5 mm厚的普通纸面石膏板。硅酸钙板墙体坚实可靠,不易受损破裂。

轻钢龙骨吊顶:钢筋吊杆应按设计要求预埋在现浇混凝土楼板或预制混凝土楼板缝中,直径为$\phi 6 \sim \phi 10$,一般间距为900 mm~1 200 mm。

4. 施工工艺流程

弹顶棚标高水平线→划龙骨分档线→安装主龙骨吊杆→安装主龙骨→安装次龙骨→安装罩面板→刷防锈漆→安装压条。

§68　直接式顶棚

1. 简介

1) 概述

直接式顶棚,是直接在混凝土的基础上,进行喷(刷)涂料灰浆,或粘贴装饰材料的施工,一般由于装饰性要求不高的住宅,办公室楼等建筑。由于只在楼板面直接喷浆和抹灰,也可能粘贴其他的装饰材料,是一种比较简单的装修形式。

2) 分类

直接式顶棚根据其使用材料和施工工艺可分为:抹灰类顶棚、裱糊类顶棚、涂刷类顶棚、结构式顶棚。

3) 作用

(1) 满足使用功能。

(2) 美化室内空间。

2. 构造图例

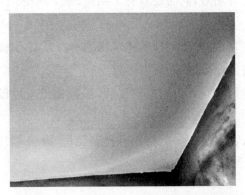

图 2-2-157　工法楼建筑实体工法楼直接式顶棚实景图

3. 构造做法

直接抹灰的构造做法为:先在顶棚的基层(楼板底)上,刷一遍纯水泥浆,使抹灰层能与基层很好地粘合;然后用混合砂浆打底,再做面层。要求较高的房间,可在底板增设一层钢板网,在钢板网上再做抹灰,这种做法强度高、结合牢,不易开裂脱落。普通抹灰用于一般建筑或简易建筑,甩毛等装饰抹灰用于声学要求较高的建筑。

4. 施工工艺流程

搭设脚手架→表面清理→基层处理→抹灰→涂刷→粘贴壁纸→铺设装饰饰面板。

§69 隔 墙

1. 简介

1) 概述

指不需要设置隔墙龙骨,由隔墙板材自承重,将预制或现制的隔墙板材直接固定于建筑主体结构上的隔墙工程。

2) 分类

(1) 板材隔墙;(2) 木龙骨隔墙;(3) 轻钢龙骨隔墙。

3) 作用

板材隔墙是用轻质材料制成的大型板材,施工中直接拼装而不依赖骨架,它具有自重轻、墙身薄,拆及安装方便、节能环保施工速度快、工业化程度高的特点。

木龙骨隔墙有墙面装饰的功能,主要表现在保护墙体,提供某种使用条件,美化空间环境。

轻钢龙骨隔墙具有重量轻、强度较高、耐火性好、通用性强且安装简易的特性,有适应防震、防尘、隔音、吸音、恒温等功效,同时还具有工期短、施工简便、不易变形等优点。

4) 适用范围

板材隔墙主要用于住宅、办公楼等性质建筑物的室内分隔,其工业化程度高的特点特别适应目前建筑行业的建筑工业化。

适用于工业与民用建筑木龙骨板材隔墙工程,工程施工应以设计图纸和有关施工质量验收规范为依据。

应用于宾馆、候机楼、客运站、车站、剧场、商场、工厂、办公楼、旧建筑改造、室内装修设置、顶棚等场所。

2.构造图例

图 2−2−158 工法楼板材
隔墙实景图

图 2−2−159 工法楼木龙骨
隔墙实景图

图 2−2−160 工法楼轻钢龙骨
隔墙实景图

3.构造原理

板材隔墙安装拼接应符合设计和产品构造要求。安装方法主要有刚性连接和柔性连接。板材隔墙所用金属附件应进行防腐处理。板材拼接用的芯材应符合防火要求。

木龙骨隔墙主要是由木材加工工程中的下脚料或废料,经机械处理,生产出人造料板材。

轻钢龙骨隔墙射钉按中距 0.6～1.0 m 的间距布置,水平方向不大于 0.8 m,垂直方向不大于 1.0 m。射钉射入基体的最佳深度混凝土为 22～32 mm,砖墙为 30～50 mm。

4.施工工艺流程

板材:结构墙面、地面、顶棚清理找平→墙位放线→配板→配置胶结材料→安装固定卡→安装门窗框→安装隔墙板材→机电配合安装→板缝处理。

木龙骨:弹隔墙定位线→划龙骨分档线→安装大龙骨→安装小龙骨防腐处理→安装罩面板→安装压条。

轻钢龙骨:墙位放线→墙基施工→安装沿地、沿顶龙骨→安装竖向龙骨(包括门口加强龙骨)、横掌龙骨、通贯龙骨→各种洞口龙骨加固─隔音棉安装→防火面板安装→表面清理。

§70 玻璃幕墙

1.简介

1)概述

玻璃幕墙是指由支承结构体系与玻璃组成的、可相对主体结构有一定位移能力、不分担主体结构所受作用的建筑外围护结构或装饰结构。

2）分类

（1）以外观形式分：

① 明框式

玻璃幕墙是指玻璃板镶嵌在铝框内，成为四周有铝框的幕墙构件上，形成横梁、立柱均外露，铝框分格明显的立面的玻璃幕墙。

② 隐框式

隐框玻璃幕墙就是幕墙构件的玻璃用硅酮结构密封胶（简称结构胶）黏结在铝框上，大多数情况下，不再加金属连接件。因此，铝框全部隐蔽在玻璃后面，形成大面积全玻璃镜面。

③ 半隐框式、隐竖显横式、隐横显竖式

金属框架的竖向或横向构件显露于面板外表面的框支承玻璃幕墙。

（2）按材料分：① 铝合金玻璃幕墙。② 钢框玻璃幕墙。③ 不锈钢和黄铜玻璃幕墙。④ 木材玻璃幕墙。⑤ 塑料玻璃幕墙。

3）作用

（1）保温隔热。（2）美观。

2．构造图例

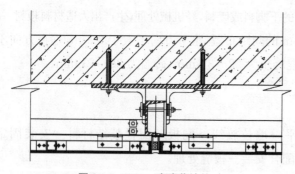

图 2-2-161　玻璃幕墙构造

图 2-2-162　工法楼玻璃幕墙实景图

3．构造要求

幕墙的连接部位，应采取措施防止产生摩擦噪声，构件式幕墙的立柱与横梁连接处应避免刚性接触，可设置柔性垫片或预留 1～2 mm 的间隙，间隙内填胶，隐框幕墙采用挂钩式连接固定玻璃组件时，挂钩接触面宜设置柔性垫片。幕墙玻璃之间的拼接胶缝宽度应满足玻璃和胶的变形要求，并不宜小于 10 mm，一般为 15 mm、18 mm、20 mm 等。

4．施工工艺流程

弹线→幕墙立柱安装→幕墙横梁安装→幕墙立柱的调整、紧固→玻璃安装→幕墙与主体结构之间的缝隙处理→幕墙伸张缝→幕墙上的开启窗→抗渗漏试验。

§71　卫生间防水

1．简介

1）概述

卫生间防水施工是指用于预防卫生间漏水而作的工程。卫生间的结构和用途决定了卫生间防水的复杂性和重要性。

2）作用

在装修环节再给卫生间做防水确实是要保证我们的日常生活，不让卫生间漏水到楼下去，同时也不让水渗透到建筑物当中，所以是为了邻居关系和楼层安全着想一定要做卫生间的防水工程。

2．构造图例

图 2-2-163　工法楼卫生间防水实景图　　图 2-2-164　工法楼卫生间防水实景图

3．构造要求

(1) 钢筋混凝土楼板。

(2) 1：3 水泥砂浆找坡层，坡向地漏，一次抹平。

(3) 丙烯酸酯防水涂料、聚合物水泥防水涂料或聚氨酯防水涂料。

(4) 30 mm 厚干硬性水泥砂浆结合层。

4．施工工艺流程

基层处理、清理→做找平层→结合层→细部附加层→丙烯酸防水层→蓄水试验→保护层施工→二次蓄水试验。

§72 保温隔热墙体

1. 简介

1) 概述

保温隔热墙体:是一种非常科学、高效的保温节能技术,可以达到冬暖夏凉,节约能源的目的。将保温材料置于主体围护结构的外侧,不仅可以达到保温隔热的目的,而且还能保护建筑物的主体结构,延长建筑物的使用寿命。

2) 作用

无机保温材料的防火阻燃、变形系数小、抗老化、性能稳定、与墙基层和抹面层结合较好,安全稳固性好,保温层强度及耐久性比有机保温材料高,使用寿命长,施工难度小,工程成本较低,生态环保性好,可以循环再利用等特点。

3) 分类

墙体保温隔热材料包括有机类(如苯板、聚苯板、挤塑板、聚苯乙烯泡沫板、硬质泡沫聚氨酯、聚碳酸酯及酚醛等)、无机类(如珍珠岩水泥板、泡沫水泥板、复合硅酸盐、岩棉、蒸压砂加气混凝土砌块、传统保温砂浆等)和复合材料类(如金属夹芯板、芯材为聚苯、玻化微珠、聚苯颗粒等),保温防裂材料:(电焊网、热镀锌钢丝网、网格布)。

2. 构造图例

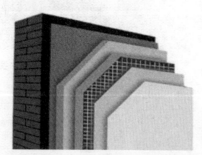 

图 2-2-165　工法楼保温隔热墙体构造　图 2-2-166　工法楼保温隔热墙体实景图

3. 构造要求

外墙板、内隔墙板、室内间隔取代纸面石膏板、屋面板等,长度:$L \leqslant 4\,500$ mm,宽度 B 为 300 mm～1 000 mm,厚度:60 mm～120 mm 等。

4. 施工工艺流程

基层处理→贴饼冲筋→本材料薄抹灰方式界面处理→分层涂抹保温砂浆→固定钢丝网(需要时)→涂抹抗裂砂浆→面层施工。

认知三
建筑施工认知

　　建筑工程施工是建筑物成型的最主要的步骤,涉及工程技术、工程管理、工程测量、建筑材料、建筑构造、建筑力学、建筑结构、建筑经济等多门课程的综合应用,对房屋建筑工程施工开展认知实践是认知实习的重要环节。

　　在施工现场参观实习和对建筑实体工法楼的建筑施工节点认知实习时应重点了解下列内容。

　　(1)基础工程

　　观察基础开挖前的定位、放线的操作过程,观察龙门桩和龙门板的位置;

　　认识各类土方施工机械及施工过程;

　　了解地下水降水排水施工方法;

　　观察领悟钢筋混凝土预制桩、灌注桩等桩基础打桩过程及成孔、下钢筋笼、浇筑混凝土的方法;

　　了解基坑支护和地基局部处理的方法。

　　(2)砌筑工程

　　观察、了解各类脚手架的构造、搭设方法及安全网的架设情况;

　　观察、了解龙门架、塔吊、井字架、施工电梯的设置位置和工作过程;

　　了解砖砌体的砌筑方法、组砌形式、施工工艺过程。

　　(3)混凝土工程

　　认识不同材料、不同规格的模板,观察模板的搭设过程、支撑方法,思考模板所起的作用;

　　观察钢筋调直、除锈、切断、弯曲、焊接、绑扎、安装等施工过程以及所用的机械和工具;

　　了解混凝土搅拌机械、运输机械、振捣机械并观察其工作过程;

　　了解商品混凝土及混凝土搅拌车、混凝土输送泵、混凝土泵车并观察其工作过程。

　　(4)结构安装及屋面工程

　　认识各种起重机械,如桅杆式起重机、自行式起重机、塔式起重机,并观察其工作过程;

　　观察柱、吊车梁、屋架、屋面板等构件的绑扎、吊装、就位、校正与固定等施工过程;

　　观察起重机械吊装作业时的开行路线和构件吊装顺序;

　　观察建筑物节能的构造和施工方法;

　　了解屋面各种结构层的施工方法;

观察防水层所使用的材料和施工过程。

（5）装饰装修工程

观察制作的门窗、吊顶、隔断所用的材料及其安装过程；

观察墙面、顶棚、地面抹灰的施工过程，了解其施工工艺；

观察内外墙面、地面所采用的饰面材料及施工过程；

观察油漆、刷浆、裱糊等装饰工程的操作过程，了解其施工工艺。

（6）现场施工组织与管理

观察整个施工现场各类施工机械、施工材料、临时设施的布置位置，现场安全防护设施、防火设备的设置情况，现场临时水、电、道路的布置情况；

观察、了解施工现场的不同施工过程、不同工种之间、不同楼层、不同区段之间相互衔接配合施工的情况；

了解工地现场文明施工和绿色施工情况；

了解工地现场施工项目部构成，人员配置和分工，各岗位职责。

§1 护 坡

1. 简介

1）概述

护坡指的是为防止边坡受冲刷，在坡面上所做的各种铺砌和栽植的统称。

2）分类

依护坡的功能可将其分为两种：

（1）仅为抗风化及抗冲刷的坡面保护，该保护并不承受侧向土压力，如喷凝土护坡，格框植生护坡，植生护坡等均属此类，仅适用于平缓且稳定无滑动之虞的边坡上。

（2）提供抗滑力之挡土护坡，大致可区分为：

1）刚性自重式挡土墙，如：砌石挡土墙，重力式挡土墙，倚壁式挡土墙，悬背式挡土墙，扶壁式挡土墙；

2）柔性自重式挡土墙，如：蛇笼挡土墙，框条式挡土墙，加劲式挡土墙；

3）锚拉式挡土墙，如：锚拉式格梁挡土墙，锚拉式排桩挡土墙。

3）作用

（1）保护坡面，抗风化及抗冲刷。

（2）挡土护坡，提供抗滑力，预防边坡滑坡。

2. 构造图例

1∶1水泥砂浆灌缝勾平
300 mm厚毛石护坡,M10水泥砂浆砌筑
200 mm厚C15预拌混凝土垫层
护坡平整找坡夯实

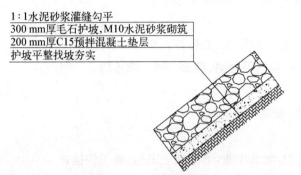

图 2‐3‐1 护坡构造

图 2‐3‐2 建筑实体工法楼护坡实景图

3. 构造原理

(1) 表面硬化,抗冲刷;

(2) 坡上截水、坡下排水,防侵渗;

(3) 挡土、加劲、锚拉,抗滑坡。

4. 施工工艺流程

分层开挖→修坡→初喷混凝土面层→钻孔→设置土钉→注浆→安装连接件→挂钢筋网→复喷射混凝土→设置坡顶、坡面及坡脚排水系统。

§2 土钉墙

1. 简介

1) 概述

土钉墙是一种原位土体加筋技术。将基坑边坡通过由钢筋制成的土钉进行加固,边坡表面铺设一道钢筋网再喷射一层砼面层和土方边坡相结合的边坡加固型支护施工方法。其

构造为设置在坡体中的加筋杆件（即土钉或锚杆）与其周围土体牢固黏结形成的复合体，以及面层所构成的类似重力挡土墙的支护结构。

2）类型

（1）施工方法分：钻孔注浆型、直接打入型、打入注浆型。

（2）材料分：钢管、角钢等型钢、钢筋、毛竹、圆木等。

3）作用

作用是保护边坡，加强边坡的稳定性。

特点：

（1）边开挖边支护，流水作业，不占独立工期，施工快捷；

（2）结构轻型，柔性大，有良好的抗震性和延性。

2．构造图例

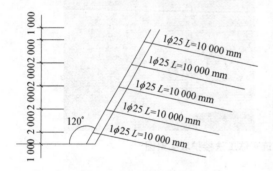

图 2－3－3　土钉墙构造　　　　图 2－3－4　建筑实体工法楼土钉墙实景图

3．构造原理

土钉墙是种原位土体加筋技术。将基坑边坡通过由钢筋制成的土钉进行加固，边坡表面铺设道钢筋网再喷射一层砼面层和土方边坡相结合的边坡加固型支护施工方法。

4．施工工艺流程

钻孔→插筋→注浆→挂钢筋网→喷射混凝土。

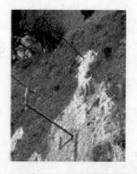

（a）钻孔　　　　　　　　　　　（b）插筋、注浆

(c) 铺设钢筋网　　　　　　　　(d) 喷射混凝土护面

图 2-3-5　护坡工艺流程

§3　地下连续墙

1. 简介

1) 概述

地下连续墙:在地面上,利用一定的设备和机具,在泥浆的护壁的条件下向地下钻挖一段狭长的深槽,在槽内吊放入钢筋笼,然后灌注混凝土筑成一段钢筋混凝土墙段,再把每一墙段逐个连接起来形成一道具有防渗、挡土和承重功能的连续的地下墙壁。

2) 类型

(1) 按成墙方式可分为:① 桩排式;② 槽板式;③ 组合式。

(2) 按墙的用途可分为:① 防渗墙;② 临时挡土墙;③ 永久挡土(承重)墙;④ 作为基础用的地下连续墙。

(3) 按墙体材料可分为:① 钢筋混凝土墙;② 塑性混凝土墙;③ 固化灰浆墙;④ 自硬泥浆墙;⑤ 预制墙;⑥ 泥浆槽墙(回填砾石、黏土和水泥三合土);⑦ 后张预应力地下连续墙;⑧ 钢制地下连续墙。

(4) 按开挖情况可分为:① 地下连续墙(开挖);② 地下防渗墙(不开挖)。

3) 作用

(1) 深基坑开挖和地下建筑物的临时性和永久性的挡土维护结构;

(2) 地下水位以下的截水、防渗;

(3) 可以作为承受上部建筑物的永久性荷载并兼有挡土墙和承重基础的作用。

2. 构造图例

图 2-3-6　建筑实体工法楼地下连续墙实景图　　　图 2-3-7　导墙施工

图 2-3-8　地下连续墙成品

3. 构造要求

（1）墙体的截面形式和分段长度应根据整体平面布置、受力情况、槽壁稳定性、环境条件和施工条件等确定；

（2）墙体、支撑、环梁（含竖肋）及内衬的混凝土强度等级均不应低于 C25。地下连续墙应满足防渗要求；当地下水具有侵蚀性时，应选择适用的抗侵蚀混凝土；

（3）墙体主筋净保护层厚度应根据使用要求、地质条件、施工条件和环境条件确定；

（4）墙体单元槽段间可采用接头管接头。当整体性和抗渗性要求较高时，宜采用铣削接头、钢隔板或接头箱等接头形式；

（5）地下连续墙钢筋笼的钢筋配置应满足结构受力和吊装要求。

4. 施工工艺流程

在挖基槽前先作保护基槽上口的导墙，用泥浆护壁，按设计的墙宽与深分段挖槽，放置钢筋骨架，用导管灌注混凝土置换出护壁泥浆，形成一段钢筋混凝土墙。逐段连续施工成为连续墙。施工主要工艺为导墙、泥浆护壁、成槽施工、水下灌注混凝土、墙段接头处理等。

导墙施工(放线、开槽、绑钢筋、支模、浇筑混凝土)→成槽施工(包括泥浆护臂)→吊装钢筋笼(钢筋加工、钢筋笼绑扎)→浇筑水下混凝土→墙段接头处理。

§4　水泥土搅拌桩

1. 简介

1) 概述

水泥土搅拌桩是用于加固饱和软黏土低地基的一种方法,它利用水泥作为固化剂,通过特制的搅拌机械,在地基深处将软土和固化剂强制搅拌,利用固化剂和软土之间所产生的一系列物理化学反应,使软土硬结成具有整体性、水稳定性和一定强度的优质地基。加固深度通常超过 5 m,干法加固深度不宜超过 15 m,湿法加固深度不宜超过 20 m。用回转的搅拌叶片将压入软土内的水泥浆与周围软土强制拌和形成泥加固体。

2) 分类

(1) 按施工工艺分为浆液搅拌法(以下简称湿法)和粉体搅拌法(以下简称干法);

(2) 按水泥土搅拌法的喷头分有单头、双头、多头搅拌;

(3) 按一次成桩个数分为单轴和三轴水泥搅拌桩。

3) 作用

加固地基,提高地基承载力。

适用于处理淤泥、淤泥质土、素填土、软—可塑粘性土、松散—中密粉细砂、稍密—中密粉土、松散—稍密中粗砂和砾砂、黄土等土层。

2. 构造图例

图 2‐3‐9　工法楼搅拌桩实景图

3. 构造原理

水泥加固土的基本原理是基于水泥加固土的物理化学反应过程,它与混凝土硬化机理不同,由于水泥掺量少,水泥是在具有一定活性介质——土的围绕下进行反应,硬化速度较慢,且作用复杂,水泥水解和水化生成各种水化合物后,有的又发生离子交换和团粒化作用以及 凝硬反应,使水泥土体强度大大提高。

4. 施工工艺流程

桩位放样→钻机就位→检验、调整钻机→正循环钻进至设计深度→打开高压注浆泵→反循环提钻并喷水泥浆→至工作基准面以下 0.3 m→重复搅拌下钻至设计深度→反循环提钻并喷水泥浆至地表→成桩结束→施工下一根桩。

图 2‐3‐10　水泥搅拌桩施工机械　　　图 2‐3‐11　水泥搅拌桩施工现场

图 2‐3‐12　水泥搅拌桩线型效果图

§5　灌注桩

1. 简介

1) 概述

灌注桩是一种就位成孔,灌注混凝土或钢筋混凝土而制成的桩。

2）分类

（1）灌注桩按其成孔方法不同,可分为钻孔灌注桩、沉管灌注桩、人工挖孔灌注桩、爆扩灌注桩等;

（2）灌注桩因成孔的机械不同而通常有以下几种成孔施工方法:螺旋钻机成孔法、潜水钻机成孔法、冲击钻机成孔法、正循环回转法、反循环回转法、冲抓钻机成孔法、旋转锥钻孔法、简易取土钻孔法。

3）作用

（1）可以作为基础承担建筑物或构筑物的竖向荷载;

（2）也可以用于边坡维护抵抗土方侧压力,防止土方位移。

2. 构造图例

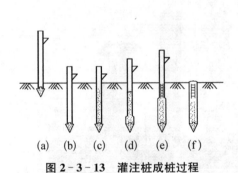

图 2-3-13　灌注桩成桩过程

图 2-3-14　灌注桩施工现场

3. 构造原理

灌注桩基本原理是在地基上先成孔,之后在孔内浇筑混凝土或钢筋混凝土,形成桩。

4. 施工工艺流程

（1）钻孔灌注

① 泥浆护壁成孔灌注桩施工工艺流程:场地平整→桩位放线→开挖浆池、浆沟→护筒埋设→钻机就位、孔位校正→成孔、泥浆循环、清除废浆、泥渣→第一次清孔→质量验收→下钢筋笼和钢导管→第二次清孔→浇筑水下混凝土→成桩。

② 干作业成孔灌注桩施工工艺流程:测定桩位→钻孔→清孔→下钢筋笼→浇筑混凝土。

（2）沉管灌注桩

桩机就位→锤击(振动)沉管→上料→边锤击(振动)边拔管,并继续浇筑混凝土→下钢筋笼、继续浇筑混凝土及拔管→成桩。

（3）人工挖孔灌注桩

场地整平→放线、定桩位→挖第一节桩孔土方→支模浇筑第一节混凝土护壁→在护壁上二次投测标高及桩位十字轴线→安装活动井盖、垂直运输架、起重卷扬机或电动葫芦、活底吊土桶、排水、通风、照明设施等→第二节桩身挖土→清理桩孔四壁，校核桩孔垂直度和直径→拆上节模板，支第二节模板，浇筑第二节混凝土护壁→重复第二节挖土、支模、浇筑混凝土护壁工序，循环作业直至设计深度→进行扩底（当需扩底时）→清理虚土、排除积水，检查尺寸和持力层→吊放钢筋笼就位→浇筑桩身混凝土。

（4）爆扩灌注桩

用钻孔爆扩成孔，孔底放入炸药，再灌入适量的混凝土，然后引爆，使孔底形成扩大头，再放入钢筋笼，浇筑桩身混凝土。

图 2-3-15　成孔

图 2-3-16　吊装钢筋笼

图 2-3-17　灌注混凝土

图 2-3-18　成型桩

§6 预制桩

1. 简介

1) 概述

预制桩是在工厂或施工现场制成的各种材料、各种形式的桩(木桩、混凝土方桩、预应力混凝土管桩、钢桩等),用沉桩设备将桩打入、压入或振入土中。

2) 分类

预制桩主要有混凝土预制桩和钢桩两大类。

(1) 混凝土预制桩常用的有混凝土实心方桩和预应力混凝土空心管桩。

(2) 钢桩主要有钢管桩和 H 型钢桩两种。

3) 特点及适用范围

(1) 特点是能承受较大的荷载、坚固耐久、施工速度快,对周围环境影响较大;

(2) 适用范围是持力层比较深,且持力层以上无密实细沙土层或者夹层。

2. 构造图例

图 2-3-19 空心管桩

图 2-3-20 实心方桩

图 2-3-21 钢管桩

3. 构造原理

预制桩基本原理是先预制成桩,之后把桩打入或压入土体中,形成桩基,提高地基的承载力。

预制桩是先成桩后打桩,灌注桩是先成孔后灌注。

4. 施工工艺流程

(1) 预制桩的沉桩方法:有锤击法、静力压桩法、振动法等。

(2) 打入桩施工工艺流程:桩机就位→吊桩→打桩贯入第一节→接桩→打桩贯入第二节拔桩→送桩至设计标高→截桩。

（3）群桩打桩为减少挤土影响,确定沉桩顺序的原则应如下：

① 从中间向四周沉设,由中及外；

② 从靠近现有建筑物最近的桩位开始沉设,由近及远；

③ 先沉设入土深度深的桩,由深及浅；

④ 先沉设断面大的桩,由大及小；

⑤ 先沉设长度大的桩,由长及短。

§7　砂石桩

1. 简介

1）概述

砂桩和砂石桩统称砂石桩,是指用振动、冲击或水冲等方式在软弱地基中成孔后,再将砂或砂卵石（砾石、碎石）挤压入土孔中,形成大直径的砂或砂卵石（砾石、碎石）所构成的密实桩体,它是处理软弱地基的一种常用的方法。

2）分类

按照使用材料分：有砂桩、砂卵石桩、砾石桩、碎石桩。

3）作用和适用范围

砂石桩与土共同组成基础下的复合土层,作为持力层,从而提高地基承载力和减小变形。

砂石桩可用于处理松砂地基,软黏土地基,素填土、杂填土等地基。对建在饱和黏性土地基上主要不以变形控制的工程,也可采用砂石桩作置换处理。也可用于处理可液化的地基。

2. 构造图例

图 2-3-22　碎石桩

图 2-3-23　添加碎石

3. 构造原理

基本原理是通过成桩过程中对桩孔周围土层的挤密、振密作用和靠砂石的压入获得加固效果,使软弱地基的密实度增加。

4. 施工工艺

(1) 施工顺序:在砂性地基中施工应从外围或两侧向中间进行,以挤密为主的砂桩宜隔行施工;在淤泥质黏土地基中砂桩宜从中间向外围或隔排施工。在已有建筑物临近施工,应背离建筑物方向进行;在路堤或岸坡上施工应背离岸边和向坡顶方向进行。

(2) 施工工艺流程:套管就位→振动沉管→沉管到规定深度→提升套管排砂→套管反插(复打)→提升套管(排砂)→套管反插(复打)→提升套管(排砂)→套管反插(复打)→形成砂桩。

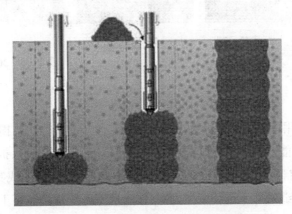

图 2-3-24　碎石桩施工工艺流程图

§8　SMW 工法桩

1. 简介

1) 概述

SMW 工法:亦称新型水泥土搅拌桩墙,SMW 工法是以多轴型钻掘搅拌机在现场向一定深度进行钻掘,同时在钻头处喷出水泥系强化剂而与地基土反复混合搅拌,在各施工单元之间则采取重叠搭接施工,然后在水泥土混合体未结硬前插入 H 型钢或钢板作为其应力补强材,至水泥结硬,便形成一道具有一定强度和刚度的、连续完整的、无接缝的地下墙体。

2) 作用

将承受荷载与防渗挡水结合起来,使之成为同时具有受力与抗渗两种功能的支护结构的围护墙。

3）特点及适用范围

主要特点是构造简单,止水性能好,工期短,造价低,环境污染小。

特别适合城市中的深基坑工程。

2. 构造图例

　　　　(a)　　　　　　　　　　　　(b)

图 2-3-25　工法楼 SMW 实景图　　　　　**图 2-3-26　SMW 工法桩现场图**

3. 构造原理

SMW 工法是利用专门的多轴型钻掘搅拌设备,对土体进行注浆搅拌,形成重叠搭接搅拌桩。这种桩抗渗性能比较好,但强度较低,为了使桩有一定的抗弯、抗剪能力,在搅拌桩水泥土混合体未结硬前再将 H 型钢或其他型材插入搅拌桩体内,形成具有一定强度和刚度的、连续完整的、无接缝的地下连续墙体,使其作为地下开挖基坑的挡土和止水结构。

4. 施工工艺流程

SMW 工法施工工序如下:

① 导沟开挖:确定是否有障碍物及是否需要做泥水沟→② 置放导轨→③ 设定施 TJ 标志→④ SMW 钻拌:钻掘及搅拌,重复搅拌,提升时搅拌→⑤ 置放应力补强材(H 型钢)→⑥ 固定应力补强材→⑦ 施工完成 SMW→⑧ 废土运出→⑨ 型钢顶端连系梁施工,浇筑钢筋混凝土。

§9　钢板桩

1. 简介

1）概述

钢板桩是指用于护岸工程、采掘工程、建筑的基础工程等的钢材,是一种边缘带有联动装置,且这种联动装置可以自由组合以便形成一种连续紧密的挡土或者挡水墙的钢结构体。

2) 作用

钢板桩是一种边缘带有联动装置,且这种联动装置可以自由组合以便形成一种连续紧密的挡土或者挡水墙的钢结构体。

3) 优点及适用范围

(1) 优点

承载力强,自身结构轻;水密性好,可自然防渗;施工简便;耐久性好;施工环保;作业高效;材料可回收反复使用;具有较大的适应变形能力,适于各类地质灾害的预防处理。

(2) 适用范围

水利工程、港口 运输路线的建筑物、公路和铁路工程、水路民用工程、水利等工程的围堰、河道分洪及控制、水处理系统围栏和防洪等各类场所挡土或者挡水墙。

2.构造图例

图 2‒3‒27　工法楼钢板桩实景图

3.构造原理

利用振动锤将钢板桩打入土体,形成连续挡土或阻水结构,确保施工安全。

4.施工工艺流程

钢板桩打入方法:单独打入法;屏风式打入法。

(1) 施工准备:将桩尖处的凹槽口封闭,避免泥土挤入,锁口应涂以黄油或其他油脂。

(2) 钢板桩的打设:打桩时,开始打设的第一、二块钢板桩的打入位置和方向要确保精度,它可以起样板导向作用,一般每打入 1 m 应测量一次。打至预定深度后立即用钢筋或钢板与围檩支架电焊作临时固定。钢板桩的转角和封闭合拢施工可采用异形板桩、连接件法、骑缝搭接法和轴线调整法等。

(3) 钢板桩拔除:拔除前要研究钢板桩拔除顺序、拔除时间及桩孔处理方法。钢板桩的拔出,针对克服板桩的阻力,根据所用拔桩机械,拔桩方法有静力拔桩、振动拔桩和冲击拔桩。

(a)

(b)   (c)

图 2-3-28　钢板桩施工现场

§10　支护锚杆

1. 简介

1) 概述

锚杆作为深入地层的受拉构件,它一端与工程构筑物连接,另一端深入地层中,整根锚杆分为自由段和锚固段,自由段是指将锚杆头处的拉力传至锚固体的区域,其功能是对锚杆施加预应力;锚固段是指水泥浆体将预应力筋与土层黏结的区域,其功能是将锚固体与土层的黏结摩擦作用增大,增加锚固体的承压作用,将自由段的拉力传至土体深处。

2) 分类

按照使用锚杆材料分:木锚杆,钢锚杆,玻璃钢锚杆、钢筋或钢丝绳砂浆锚杆、倒楔式金属锚杆、管缝式锚杆等;

按照使用黏结剂分:树脂锚杆、快硬膨胀水泥锚杆、双快水泥锚杆等;

按锚固方式分为:端锚固,加长锚固和全长锚固。

3) 作用

对边坡,隧道,坝体等进行主动加固。

2. 构造图例

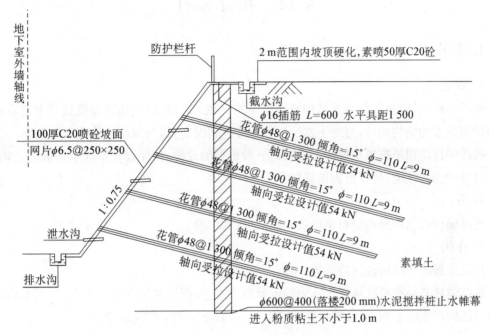

图 2-3-29　锚杆构造

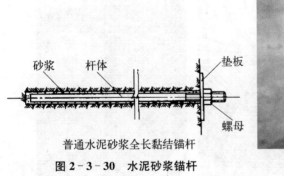

普通水泥砂浆全长黏结锚杆

图 2-3-30　水泥砂浆锚杆

图 2-3-31　锚杆实物

3. 构造原理

将锚杆安装于比杆径大的钻孔中,对孔内进行注浆(或其他粘结剂),将围岩与锚杆紧密连接在一起,锚杆与岩体共同作用使得围岩更加稳固。

4. 施工工艺流程

钻孔→安放拉杆→灌浆→养护→安装锚头→张拉锚固。

§11 抗浮锚杆

1.简介

1）概述

抗浮锚杆，是建筑工程地下结构抗浮措施的一种。抗浮锚杆，指的是抵抗其上建筑物向上移位而设置的结构构件，与地下水位高低及变化情况有关，与抗压桩受力方向相反。

抗浮锚杆是指抵抗建筑物向上位移的各种桩型的总称；抗浮锚杆不同于一般的基础桩，有其自身的独特性能；抗浮桩为抗拔桩。

2）分类

抗浮锚杆按锚固材料分有钢绞线、高强钢丝和钢筋。

3）作用

建筑工程地下结构抗浮措施的一种。

抗浮锚杆是一种抵抗地下水压力的重要施工工艺；抵抗在地下施工当中，地下水的浮力对建筑结构产生的影响，而且造价低，工期短。在岩土工程中广泛运用。

2.构造图例

图 2-3-32 抗浮锚与基础连接实景图　　图 2-3-33 抗浮锚杆展示

3.构造原理

将锚杆安装于地基的钻孔中，通过粘结剂（水泥浆）将地基土与锚杆紧密连接在一起，共同作用形成抗拔桩，抗浮锚杆与主体基础结构连接，用来抵抗建筑物向上的移动。

4.施工工艺流程

测量定位→钻机成孔→验孔深→安放锚杆→边注浆边提升注浆管→结束至下一孔→返

回二次注浆。

§12 轻型井点降水

1.简介

1)概述

轻型井点降水是人工降低地下水位的一种方法。在基坑开挖前,沿基坑四周每隔一定间距布设井点管,井点管底部设置滤水管插入透水层,上部接软管与集水总管进行连接,然后通过真空吸水泵将集水管内水抽出,从而达到降低基坑四周地下水位的效果,保证了基底的干燥无水。

在施工过程中要不断地抽水,直至施工完毕。

2)分类

根据地下水有无压力,水井分为无压井和承压井。

根据水井埋设的状态,水井分为完整井和非完整井。

当水井底部达到不透水层时称为完整井;否则称为非完整井。

因此水井大致分为四大类:无压完整井、无压非完整井、承压完整井、承压非完整井。

3)作用及适用范围

降低地下水位。

适用于渗透系数为 0.1～50 m/d 的土及土中含有大量细砂和粉砂的土,或明沟排水易引起流沙和塌方等情况。降水深度为:单级井点 3～6 m,多级井点 6～12 m。

2.构造图例

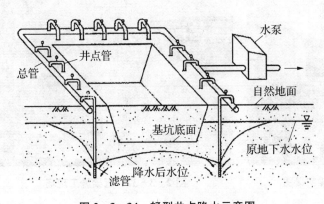

图 2-3-34 轻型井点降水示意图

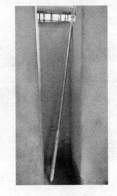

图 2-3-35 轻型井点降水实景图

3.构造原理

轻型井点是沿基坑四周将井点管埋入蓄水层内,利用抽水设备将地下水从井点管内不断抽出,将地下水位降至基坑底以下。

4. 施工工艺流程

测量放线→挖井点沟槽→冲孔→下设吸水井点管→灌填粗砂滤料→铺设集水管→连接集水管与井点管→安装抽水设备→试抽→正式抽水→基础施工→撤离井管。

§13 冠 梁

1. 简介

1) 概述

冠梁设置在基坑周边支护(围护)结构(多为桩和墙)顶部的钢筋混凝土连续梁。

2) 作用

作用其一是把所有的桩基连到一起(如钻孔灌注桩,旋挖灌注桩等),防止基坑(竖井)顶部边缘产生坍塌,其二是通过牛腿承担钢支撑(或钢筋混凝土支撑)的水平挤靠力和竖向剪力,冠梁施工时必须凿除桩顶的浮浆等降低地下水位。

3) 适用范围

一般用在基坑围护的桩顶。桩顶部浇筑一道压顶圈梁,作为安全储备,压顶圈梁一般成为冠梁。

2. 构造图例

图 2-3-36 工法楼冠梁实景图   图 2-3-37 冠梁施工现场

3. 构造原理

通过冠梁把所有的桩基连到一起,共同承担水平荷载,防止基坑(竖井)顶部边缘产生坍塌。

4.施工工艺流程

测量放线→开挖沟槽→凿桩头、桩头清理→浇筑冠梁、连梁底部垫层→绑扎冠梁、连梁钢筋→立模板→砼浇筑→拆模养护。

§14 腰 梁

1.简介

1）概述

腰梁设置在基坑支护结构顶部以下传递支护结构与锚杆支点力的钢筋混凝土梁或钢梁。

2）分类

腰梁按使用材料分为钢筋混凝土腰梁、钢结构腰梁。

3）作用

腰梁可以把支撑挡墙的斜撑（如锚杆、锚索等）的一端固定在腰梁上，这样可以使斜撑对挡墙的支撑从一个点变为一条线，从而提高支护结构的稳定性。

2.构造图例

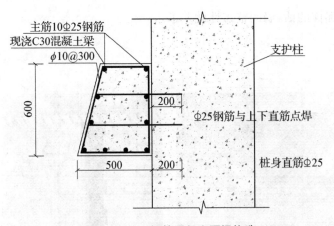

图 2-3-38 钢筋混凝土腰梁构造

图 2-3-39 工法楼腰梁实景图

3.构造原理

通过腰梁把所有桩基上的斜撑连到一起共同承担水平荷载，来提高支护结构的稳定性。

4.施工工艺流程

基坑开挖至腰梁处→制安锚杆（或锚索）→腰梁施工（混凝土按照混凝土工艺施工、钢梁安钢梁工艺施工)→继续开挖→下一个循环。

§15　墙体留槎

1. 简介

1) 概述

留槎,意思是在墙体砌筑时,分段砌墙所出现的接口。

在建筑施工中,留槎处属薄弱部位,在留槎时,槎口里面要放置拉结筋以加强砌体受力强度。留槎时只能留阳槎,而不能留阴槎。

2) 分类

留槎有:留齐槎、直槎、马牙槎、公槎、母槎、踏步槎等几种,各有特色。

3) 作用

马牙槎的作用是浇筑构造柱时使墙体与构造柱结合得更牢固,提高砌体与构造柱的整体性,更利于抗震。

斜槎,墙体砌筑的竖向接缝(可以看作混凝土中的施工缝),提高两次施工墙体的整体性。砌墙时,一道墙当天没有砌完,想第二天再接着砌,第一天最后就应该砌成像锯齿一样的斜槎,一般斜槎的长度要留到高度的 2/3 左右。其作用是增加后砌之砖墙与前砌之砖墙的结合,不能像刀口一样齐平,要那样的话,墙的整体性就差了。

2. 构造图例

图 2-3-40　工法楼墙体
斜槎留设

图 2-3-41　工法楼墙体
直槎留设

图 2-3-42　工法楼构造柱
马牙槎留设

3. 构造要求

(1) 墙砌体不应留置直槎,如需留置必须有可靠的墙体拉结措施。直槎墙体必须设置墙体拉结筋,其间距按照 500 mm 进行设置。

(2) 墙砌体留槎应留置斜槎。斜槎墙体的槎高与槎宽比不得小于 1∶2。

(3) 每一马牙槎高度不宜超过 300 mm,且应沿高每 500 mm 设置 $2\phi6$ 水平拉结钢筋,每边伸入墙内不宜小于 1.0 m。

4. 施工质量要求

(1) 留槎必须符合规范的有关规定,保证留槎位置正确、拉结钢筋的长度及位置合理;

(2) 砖砌接槎时,必须将接槎处的表面清理干净,浇水湿润,拉结钢筋上不能沾有油渍,拉结钢筋摆放要平直,切忌露筋;

(3) 有抗震设防要求的房屋及房屋的转角处不能留设直槎。

§16　模　　板

1. 简介

1) 概述

模板:为了保证混凝土浇筑成型后的形状、尺寸,在浇筑混凝土之前按照设计的尺寸、位置,支设的临时板件,称为模板。

建筑模板是一种临时性支护结构,按设计要求制作,使混凝土结构、构件按规定的位置、几何尺寸成形,保持其正确位置,并承受建筑模板自重及作用在其上的外部荷载。

2) 分类

(1) 按照使用材料分:木质模板、钢木模板、木胶板、钢竹模板、塑料模板、铝模板等;

(2) 按组装方式和使用功能分:工具式模板、组合式模板、胶合式模板、永久式模板;

(3) 按工艺分:组合式模板、大模板、滑升模板、爬升模板、永久性模板以及飞模、模壳等;

(4) 按施工方法分:现场装拆式模板、固定式模板、移动式模板。

3) 作用

(1) 保证混凝土的成型(形状尺寸)与表面应有的平整度、光洁度;

(2) 抵抗或承受混凝土浇筑时的压力或自重;

(3) 对混凝土起一定的养护保养作用。

2. 构造图例

图 2-3-43　竹胶板

图 2-3-44　铝模板

图 2-3-45　木塑模板

图 2-3-46　钢模板

图 2-3-47　混凝土板底模板

图 2-3-48　混凝土墙模板

3. 构造要求

（1）模板的刚度、强度及稳定性，能够承受新浇混凝土的侧压力及重力及施工所产生的荷载；

（2）构造简单，便于绑扎钢筋，浇混凝土及养护等工艺要求；

（3）保证构件的各部分的尺寸，形状；

（4）模板接缝严密，不漏浆；

（5）合理选材。

4. 模板支设施工工艺

（1）方柱模板

搭设架子→第一段模板安装就位→检查对角线，垂直度和位置→安装柱箍→第二、三段模板及柱箍安装→安装有梁口的柱模板→全面检查校正→整体固定。

（2）梁模板

复核梁底标高校正轴线位置→搭设梁模支架→安装梁模底板→绑扎梁钢筋→安装两侧梁模→穿对拉螺栓→按设计要求起拱→复核梁模尺寸、位置→与相邻梁模连接固定。

（3）楼板模板

搭设支架及拉杆→安装纵横钢楞→调平柱顶标高→铺设模板块→检查模板平整度并调平。

5.模板的拆除

模板的拆除,非承重侧模应以能保证混凝土表面及棱角不受损坏时(大于 1.2 N/mm²)方可拆除,承重模板应按《混凝土结构工程施工及验收规范》的有关规定和本组织设计中的相关规定安排拆除。

模板拆除的顺序和方法,应按照配板设计的规定进行,遵循先支后拆、后支先拆、先非承重部位、后承重部位以及自上而下的原则,拆模时,严禁用大锤和撬棍硬砸硬撬。

§17 支 架

1.简介

1) 概述

支架:在建筑上用于混凝土现浇施工的模板支撑结构,普遍采用钢或木梁拼装成模板托架,利用钢或木杆搭建成脚手架构成托架支撑,并配合钢模板进行混凝土施工。

2) 分类

模板支架采用钢管支架、梁式或桁架式支架。

3) 作用

(1) 支撑、固定模板,防止模板移动;

(2) 把模板、混凝土等竖向荷载传给基础或下层楼板。

2.构造图例

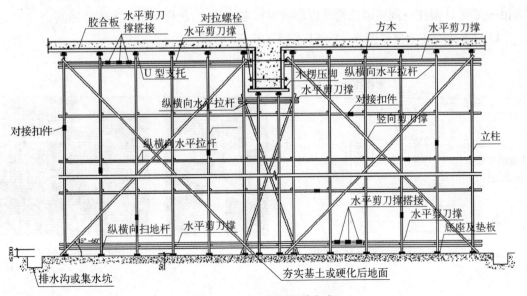

图 2-3-49　支架安装方案

(a)   (b)

图 2-3-50　支架安装效果图

3. 构造要求

（1）支架应具有足够的承载能力、刚度和稳定性，应能可靠地承受新浇混凝土的自重、侧压力和施工过程中所产生的荷载及风荷载。

（2）构造应简单，装拆方便，便于钢筋的绑扎、安装和混凝土的浇筑、养护。

4. 施工工艺流程

满堂支架安装流程：

计算立杆组装高度→安放可调底座→调整底托在同一水平面上组装立杆及横杆、锁紧碗扣→安放 U 型托→调整顶托螺丝以形成纵横坡安放主、次楞→精调方木顶标高。

U 型支架安装效果如图 2-3-51，图 2-3-52 所示。

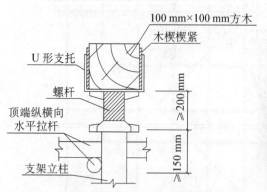

图 2-3-51　U 型可调支托剖面示意图

图 2-3-52　U 型可调支托示例

§18　脚手架

1. 简介

1) 概述

脚手架指施工现场为工人操作并解决垂直和水平运输而搭设的各种支架。建筑界的通用术语,指建筑工地上用在外墙、内部装修或层高较高无法直接施工的地方。

2) 分类

脚手架按制作材料分有:竹脚手架、木脚手架、金属脚手架;

钢管材料制作的脚手架有:扣件式钢管脚手架、碗扣式钢管脚手架、承插式钢管脚手架、门式脚手架;

按位置分:里脚手架、挂挑脚手架、落地脚手架等。

3) 作用

(1) 使施工人员在不同部位进行工作;

(2) 能堆放及运输一定数量的建筑材料;

(3) 保证施工人员在高操作时的安全。

2. 构造图例

图 2-3-53　门式脚手架

图 2-3-54　落地式脚手架

图 2-3-55　悬挑式脚手架

3. 构造要求

（1）有足够的宽度或面积、步架高度、离墙距离；

（2）有足够的强度、刚度和稳定性；

（3）脚手架的构造要简单，搭拆和搬运方便，能多次周转使用；

（4）因地制宜，就地取材，尽量利用自备和可租赁的脚手架材料，节省脚手架费用。

4. 施工工艺流程

落地脚手架搭设的工艺流程为：

场地平整、夯实→材料配备→定位设置通长脚手板→纵向扫地杆→立杆→横向扫地杆→小横杆→大横杆（搁栅）→剪刀撑→连墙杆→铺脚手板扎防护栏杆→扎安全网。

脚手架拆除顺序：拆除扣件式钢管脚手架的原则是先搭设的后拆除，后搭设的先拆除，具体拆除程序为：

安全网→护身栏→小横杆→大横杆→立杆→连墙杆→剪力撑。

§19　安全防护

1. 简介

1）概述

安全防护，即安防，所谓安全，就是没有危险、不受侵害、不出事故；所谓防护，就是防备、戒备，而防备是指做好准备以应付攻击或避免受害，戒备是指防备和保护。

综合上述解释，是否可以给安全防护下如下定义：做好准备和保护，以应付攻击或者避免受害，从而使被保护对象处于没有危险、不受侵害、不出现事故的安全状态。

显而易见,安全是目的,防护是手段,通过防范的手段达到或实现安全的目的,就是安全防护的基本内涵。

2) 安全防护设施

施工现场为预防施工中发生人员伤亡事故而设置的各类设施、设备、器具等。

施工现场安全防护设施有:防护栏杆、安全网、标志牌等。

3) 作用

防护栏杆可以很好地起到安全警示的作用和隔离防护的作用,可以有效提醒施工人员需要注意的危险区域。

安全标志是向工作人员警示工作场所或周围环境的危险状况,指导人们采取合理行为标志的。安全标志能够提醒工作人员预防危险,从而避免事故发生;当危险发生时,能够指示人们尽快逃离,或者指示人们采取正确、有效、得力的措施,对危害加以遏制。安全标示牌的作用是减少安全隐患,起到安全防范警示作用,避免或减少安全事故的发生。

安全网:平网作用是挡住坠落的人和物,避免或减轻坠落及物击伤害;立网作用是防止人或物坠落。

2. 构造图例

图 2-3-56　施工现场防护栏杆

图 2-3-57　施工现场安全标志

图 2 - 3 - 58   施工现场安全网

3. 防护要求

防护栏杆设置要求：

（1）高处作业面（如坝顶、屋顶、原料平台、工作平台等）的临空边沿，必须设置安全防护栏杆及挡脚板；

（2）在悬崖、陡坡、杆搭、坝块、脚手架以及其他高处危险边沿进行悬空高处作业时，临边必须设置防护栏杆；

（3）走道脚手架临空面应有防护栏杆，并订有挡脚板；

（4）脚手架在拆除物坠落范围的外侧应设有安全围栏与醒目的安全标志；

（5）各类洞（孔）口边应设置防护栏杆；

（6）施工现场、厂内人行及人力货运通道设置防护栏杆。

安全网设置要求：

（1）高处作业部位的下方必须挂安全网；当建筑物高度超过 4 m 时，必须设置一道随墙体逐渐上升的安全网，以后每隔 4 m 再设一道固定安全网；在外架、桥式架，上、下对孔处都必须设置安全网。

（2）使用前应检查安全网是否有腐蚀及损坏情况。施工中要保证安全网完整有效、支撑合理，受力均匀，网内不得有杂物。搭接要严密牢靠，不得有缝隙，搭设的安全网，不得在施工期间拆移、损坏，必须到无高处作业时方可拆除。因施工需要暂拆除已架设的安全网时，施工单位必须通知、征求搭设单位同意后方可拆除。施工结束必须立即按规定要求由施工单位恢复，并经搭设单位检查合格后，方可使用。

（3）要经常清理网内的杂物，在网的上方实施焊接作业时，应采取防止焊接火花落在网上的有效措施；网的周围不要有长时间严重的酸碱烟雾。

安全标志设置要求：

（1）安全标志应设置在与安全有关的明显地方，并保证人们有足够的时间注意其所表示的内容。

（2）设立于某一特定位置的安全标志应被牢固地安装，保证其自身不会产生危险，所有的标志均应具有坚实的结构。

（3）当安全标志被置于墙壁或其他现存的结构上时,背景色应与标志上的主色形成对比色。

（4）对于那些所显示的信息已经无用的安全标志,应立即由设置处卸下,这对于警示特殊的临时性危险的标志尤其重要,否则会导致观察者对其它有用标志的忽视与干扰。

§20 后张法

1. 简介

1）概述

后张法,指的是先浇筑混凝土,待混凝土达到设计强度的75％以上后再张拉预应力钢材以形成预应力混凝土构件的施工方法。

所谓预应力混凝土构件就是在构件受荷之前（制作阶段）,人为给受拉区混凝土施加预压应力,受荷之后（使用阶段）首先要抵消受拉区混凝土的预压应力,若再加荷受拉区混凝土开裂,直至破坏为止。

2）作用

可提高混凝土构件的承载能力,减小混凝土构件的截面尺寸,降低材料成本。

3）适用范围

现场制作的预应力混凝土构件（如梁、板等）。不宜用先张法施工的预应力混凝土构件。

2. 构造图例

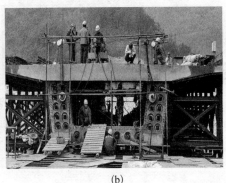

(a)　　　　　(b)

图 2‑3‑59　后张法施工现场

3. 构造原理

混凝土浇筑完成后,强度达到设计强度的75％以上,把预埋在混凝土受拉区的钢筋（或钢绞线）进行张拉,张拉钢筋的同时,受拉区的混凝土将承受一个预压力,使混凝土处在受压状态,混凝土构件受到外部荷载作用下,受拉区的混凝土首先克服预压力,之后才会产生拉应力,直至混凝土开裂、破坏。故此预应力混凝土构件比没有增加预应力的承载能力大大地提高。同荷载条件下,可以减小构件尺寸,节约成本。

4. 施工工艺流程

清理底面、施工放样→绑扎钢筋→安装预应力管道→安装侧模、端头模板→浇筑构件混凝土→混凝土养护→穿预应力钢筋→张拉预应力筋→压浆(注浆)→封堵头。

5. 知识拓展

先张法施工:

先张法是在浇筑混凝土前张拉预应力筋,并将张拉的预应力筋临时锚固在台座或钢模上,然后浇筑混凝土,待混凝土强度达到不低于混凝土设计强度值的 80%,保证预应力筋与混凝土有足够的黏结时,放松预应力筋,借助于混凝土与预应力筋的黏结,对混凝土施加预应力的施工工艺。

先张法一般仅适用于生产中小型构件,在固定的预制厂生产。

先张法生产构件可采用长线台座法,一般台座长度在 50~150 m 之间,或在钢模中机组流水法生产构件。

图 2-3-60 先张法施工现场

认知四
建筑设备认知

一、电气室部分

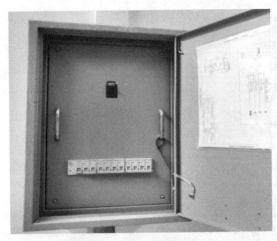

图 2-4-1 总配电箱

图 2-4-2 分配电箱

图 2-4-3 KBG 配电管线

图 2-4-4 PVC 配电管线

图 2-4-5　明装开关盒

图 2-4-6　暗装开关盒

图 2-4-7　明装线槽

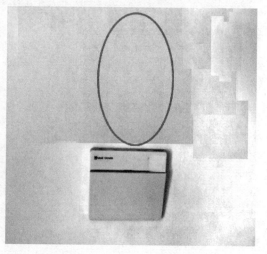

图 2-4-8　暗装线槽

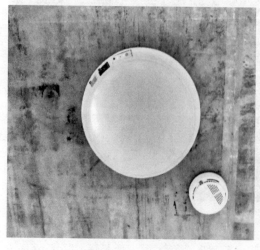

图 2-4-9　灯具

图 2-4-10　插座

图 2 - 4 - 11　桥架

图 2 - 4 - 12　等电位联结

图 2 - 4 - 13　射灯

二、给排水部分

图 2-4-14　给水立管

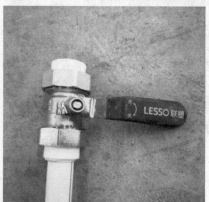

图 2-4-15　阀门

图 2-4-16　水龙头

图 2-4-17　水表

图 2-4-18　管件(连接件)

图 2-4-19　污水排水立管

图 2-4-20 排水横支管

图 2-4-21 存水弯

图 2-4-22 管箍

图 2-4-23 伸缩节

图 2-4-24 卫生器具

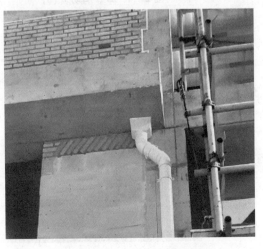

图 2-4-25 雨水斗、雨水管

三、消防部分

图 2-4-27　消防箱

图 2-4-28　消火栓

图 2-4-29　消防管(a)

图 2-4-29　消防管(b)

图 2-4-30　闭式洒水喷头

图 2-4-31　消防水喉

四、暖通部分

图 2 - 4 - 32   水地暖

图 2 - 4 - 33   电地暖

五、智能设备

图 2-4-34　烟感器

图 2-4-35　智能无线灯光控制器(单底盒一路)

图 2-4-36　智能无线灯光控制器(双底盒三路)

图 2-4-37　智能无线灯光控制器(双底盒四路)

图 2－4－38　智能无线空调控制器

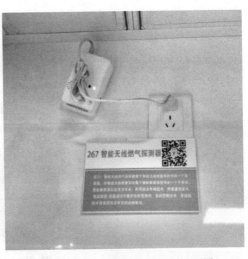

图 2－4－39　智能无线燃气探测器

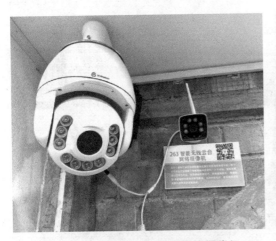

图 2－4－40　智能无线云台网络摄像机

图 2－4－41　智能无线门磁

图 2－4－42　智能无线紧急按钮

图 2－4－43　窗帘电机

图 2 - 4 - 44　窗帘导轨

图 2 - 4 - 45　智能无线插座控制器、智能家庭影院控制中心、智能无线安防遥控器、智能家居无线管理中心

第三部分

建筑工程认知总结

任务一
建筑工程认知实训日志

实习项目：　　　　　　　　　　　　年　　月　　日　　　　　　　星期
实习地点：　　　　　　　　　　　天气：　　　　　　　　　　温度：

实习 内容 记录	
实习 体会 与小结	

成绩评定：　　　　　　　　　　　　　　　　　　　　　指导教师：

建筑工程认知实训总结

　　请全面、具体地描述实习期间的工作内容与实习体会，包含但不限于：一、实习基本情况（实习地点、实习时间、实习单位及部门、工程概况等），二、实习内容总结（认知内容总结、现场发现的问题及解决方案或分析），三、实习收获与体会（针对实习过程或实习过程中遇到的典型事件谈谈个人看法与体会）。要求字数不少于 3 000 字，可手写或打印。